F.I.A.T.
Società Anonima
TORINO
Corso Dante 35-37
FABBRICA ITALIANA DI AUTOMOBILI

3. überarbeitete, ergänzte Auflage 2011
Verlag Podszun-Motorbücher GmbH
Elisabethstraße 23-25, D-59929 Brilon
Internet: www.podszun-verlag.de
Email: info@verlag-podszun.de

Herstellung Druckhaus Cramer, Greven

ISBN 978-3-86133-219-0

FIAT
Die Personenwagen-Chronik

Fred Steininger

PODSZUN

VORWORT

Bereits 1899 begann der Automobilbau bei Fiat. Berühmt wurde die Fabbrica Italiana Automobili Torino aber erst mit dem 501, jenem erfolgreichen 23 PS-Wagen, der ab 1919 mit genormten Teilen erstmals eine Serienherstellung ermöglichte. In den folgenden Jahrzehnten machte die Marke Fiat besonders mit soliden Klein- und Mittelklassewagen auf sich aufmerksam. Der legendäre Topolino von 1936 gilt noch heute als eines der beliebtesten und herausragendsten Automobile aller Zeiten. Mit diesem Buch soll die komplexe Personenwagen-Geschichte der weltweit berühmten Marke Fiat kurz, bündig und verständlich dargestellt werden. Die hier vorgelegte Arbeit basiert auf meinem Buch „100 Jahre Fiat Personenwagen“ von 1999, das aktualisiert und erweitert wurde.

AUTOR

Fred Steininger, geboren 1938, absolvierte eine Ausbildung als Buchdrucker und Schriftsetzer – Schweizerdegen. Nach einigen Berufsjahren wurde er Mitarbeiter der größten Tageszeitung der Schweiz „Der Bund“ in Bern. Seine Berufsweiterbildung als Marketing- und Werbefachmann wurde im USA-Staat Virginia im Burda-Verlag (The Garden) fortgesetzt. Zurückgekehrt nach Deutschland arbeitete er bei den NSU-Werken in Neckarsulm in der technischen Literaturabteilung bevor er zu Fiat wechselte. Nach über 31 Jahren federführender Arbeit in der Fiat-Marketing-Direktion ist Fred Steiniger heute noch eng verbunden mit dem Fiat-Konzern. Über elf Jahre war er Vorstandsvorsitzender der Fiat-Clubs in Deutschland. Die persönlichen Kontakte zum Fiat-Mutterhaus in Turin werden intensiv gepflegt.

DANK

Für die Überlassung von Abbildungen bedanke ich mich bei Herrn Dr. Amadelli vom Centro Storico Fiat, Turin, der Fiat Automobil AG in Heilbronn, Herrn Jakisch von Fiat-Hennecke in Brilon-Hoppecke, Herrn Badura von Fiat-Badura in Arolsen, Herrn Vollmar vom WK-Verlag in Bad Salzuflen, Herrn Lintelmann aus Espelkamp, der Agentur Satiz in Turin, Dott. Mailander, Dott. Ribabelli, Dott. Biglia und bei Herrn Regenberg aus Haltern, der aus seinem automobilhistorischen Archiv äußerst seltene Prospekte und Abbildungen zur Verfügung stellte. Für die Unterstützung meiner Arbeit bedanke ich mich bei der Fiat-Marketing-Direktion, bei der Presseabteilung und bei führenden Persönlichkeiten der Fiat in Turin und in Heilbronn.

INHALT

1899

Fiat (Fabbrica Italiana Automobili, Torino) wird von acht Kaufleuten gegründet, darunter Giovanni Agnelli. Acht Automobile werden noch 1899 gebaut.

1900

Das erste Fiat-Werk am Corso Dante in Turin wird eröffnet.

1904

Fiat beschäftigt 500 Mitarbeiter.

1906

Bereits 2500 Mitarbeiter sind im Einsatz.

1907

Der erste Fiat-Dieselmotor kommt auf den Markt.

1915

Die Serienfertigung von Flugzeugen beginnt.

Die aus Turin stammenden Chassis und Karosserieteile werden in Heilbronn mit Aggregaten aus deutscher Produktion komplettiert

1919

Der Fiat 501 erscheint, der nach dem Ersten Weltkrieg den Ruhm der Marke Fiat begründet.

1920

In München wird die Bayerische Fiat-Vertriebs GmbH gegründet.

1923

Das Werk Lingotto wird eröffnet, ein fünfstöckiges Gebäude mit Testbahn auf dem Dach.

1926

Verlegung der Vertriebs GmbH von München nach Berlin.

1928

Fiat erwirbt das Zweigwerk von NSU in Heilbronn und die Markenbezeichnung NSU für Automobile.

1936

Der Topolino (Mäuschen) erscheint. Dieser 500er avanciert zum berühmtesten Kleinwagen aller Zeiten.

1937

Der verkaufsstarke Fiat 1100 kommt als Nachfolger des Balilla auf den Markt.

1938

Das Karosseriewerk Weinsberg wird erworben.

1939

Das Werk Mirafiori wird mit 22 000 Mitarbeitern eröffnet. Während des Krieges werden in Heilbronn und Weinsberg Triebwerke für Dornier und Messerschmitt gebaut.

1945

Giovanni Agnelli, der Firmengründer, stirbt.

1952

In Heilbronn werden wieder NSU-Fiat Pkw gebaut.

1955

Der 600er erscheint, Fiats erster Kleinwagen mit Heckmotor.

1957

Autobianchi wird von Fiat übernommen.

1958

Die Neckarsulmer NSU bringen den NSU Prinz auf den Markt, was einen Rechtsstreit um die Markenbezeichnung NSU zwischen NSU-Fiat Heilbronn und NSU Neckarsulm auslöst. Man einigt sich schließlich darauf, dass Neckarsulm NSU-Prinz verwendet und Heilbronn Neckar und NSU-Fiat.

In Heilbronn gefertigte Fahrzeuge werden ausgeliefert

1962

In Heilbronn werden 50 000 Fahrzeuge produziert, das ist die höchste Jahreszahl überhaupt.

1966

Heilbronn verzichtet auf die Markenbezeichnung NSU und nennt bis 1968 alle Autos nur noch Neckar. Giovanni Agnelli wird Präsident.

1967

In der Nähe von Turin wird das nach Mirafiori zweitgrößte Fiat-Werk errichtet.

Die schnittigen Coupés und Cabriolets des Jahrgangs 1968/69

1969

Lancia und Ferrari kommen zu Fiat.

1970

Fiat erreicht mit 1,6 Millionen Fahrzeugen die höchste Jahres-Absatzzahl.

1971

Abarth wird von Fiat übernommen.

1973

Die Montage in der Bundesrepublik wird eingestellt, gleichzeitig wird der Import aus Italien verstärkt.

1978

Mit 360 000 Mitarbeitern zählt Fiat 1978 den höchsten Belegschaftsstand.

1985

Mit rund 25 Mrd. Mark Umsatz erzielt Fiat den höchsten Marktanteil in Europa. Rund 90 000 Fahrzeuge werden in der Bundesrepublik verkauft.

1986

Der Uno ist das meistverkaufte Auto in Europa. Fiat steht in Deutschland an der Spitze aller ausländischen Anbieter.

1987

Das Roboter-System und die Digitalausrüstung werden zum Mittelpunkt in der Serienproduktion.

1988

Ferrari wird von Fiat gesponsert und Ende 1988 mit der gesamten Montage übernommen.

1989

Das Werk Lingotto wird zum Museums- und Ausstellungsgelände umgebaut.

1991

Das Werk Rivalta beginnt mit der Serienmontage (Robotage). Die Uno-Modelle sind die ersten, die das Werk produziert.

1992

Die Alfa Romeo-Renngeschichte wird beim Fiat-Konzern zur Vision. Die neue Rennmotoren-Entwicklung in der Formel 3 beginnt.

1993

Das globale System der Zusammenarbeit mit anderen Automobilherstellern in der Welt wird durch Giovanni Agnelli bei der IAA vorgestellt.

1995

Ferrari wird mit Michael Schumacher Weltmeister. Die Rennsport-Erkenntnisse werden im Motorenbau bei der Serienfertigung bei Fiat, Lancia und Alfa Romeo umgesetzt.

1996

Die Fiat Automobil AG Heilbronn wird teilweise mit der Geschäftsleitung, der Vertriebsdirektion und dem Marketing nach Frankfurt am Main verlegt.

1998

Das Fiat Werk in Palermo produziert die Fiat Marea Limousine und den Fiat Marea Weekend.

1999

Fiat geht auf Partnerschaftssuche ins neue Jahrtausend.

Auto des Jahres 1987 und meistverkauftes Auto in Europa: Fiat Uno

2000

Die Fiat Gruppe in Deutschland ist verbunden mit 18 Unternehmen und drei Joint Ventures, die als Vertriebsgesellschaften und Dienstleistungs- oder Produktions-Unternehmen in zahlreichen Wirtschaftszweigen erfolgreich am Markt tätig sind.

2002

Die Zentrale Fiat Turin übernimmt von Heilbronn die Fiat Ersatzteile-Versorgung für mehr als 1200 deutsche Händler und weitere 600 Händler in Europa.

2003

Giovanni Agnelli, Enkel des Firmengründers hatte das gesamte Fiat Imperium als Chef im Jahr 1966 übernommen und bis zu seinem Tod im Januar 2003 geleitet. Während dieser Zeit wuchs Fiat zu einem der erfolgreichsten Automobilbauer. Eineinhalb Jahre nach dem Tod Giovanni Agnellis stirbt auch dessen Bruder, Umberto Agnelli, bis dahin eine exzellente Führungskraft im operativen Finanzgeschäft.

2004

John Elkann, Enkel Giovanni Agnellis, ist der neue Aufsteiger bei Fiat. Ihm zur Seite stehen der Ferrari-Chef und Fiat-Vorstand Luca di Montezemolo und der Finanzvorstand Sergio Marchionne.

Fiat-Präsident John Elkann und Buchautor Fred Steininger

Auf dem Weg zum Kultauto: Fiat 500, Abarth-Version von 2008

2005

Fiat erweitert seine Produktionspalette nicht nur für das Automobil, sondern auch im Nutzfahrzeugbereich, in der Traktorenproduktion und im Bereich Erdbewegungsmaschinen. Die Gruppe wird neu aufgestellt im Schiffsbau, im Flugzeugbau und in dem Segment Bahnfahrzeuge für den Nah- und Fernverkehr.

2006

Fiat Deutschland bekommt eine internationale Firmenbezeichnung: Fiat Group Automobiles Germany AG.

2007

Das „Mäuschen" für die Autogeneration der Zukunft wird geboren: Der neue Fiat 500. Die Verkaufszahlen in der ganzen Welt sind vielversprechend. Fiat ist auf dem richtigen Weg in die Zukunft.

2008

Die Fiat Group für den deutschen Markt etabliert sich in Frankfurt am Main in der Hanauer Landstraße, dort, wo zahlreiche internationale Autokonzerne ihren Standort haben.

2009

Das Fiat Händlernetz in Deutschland wird nach neuen Erkenntnissen aufgestellt. Das Schulungszentrum in Frankfurt bekommt eine dimensionsgerechte elektronische Ausstattung für sämtliche Antriebsaggregate im Elektrobereich. Marketing und Werbung werden durch externe Agenturen optimiert.

Die Fabbrica Italiana Automobili Torino wurde am 11. Juli 1899 gegründet. Das erste Auto: Der 3 1/2 HP. Die Schrift seines Markenzeichens wurde noch von Hand eingraviert. Von diesem Typ wurden zwischen 1899 und 1900 exakt 209 Exemplare hergestellt. Nur noch drei davon existieren: Sie sind im historischen Zentrum von Fiat, in dem Turiner Museo dell' Automobile und im Ford-Museum Dearborn (USA) zu finden. Der erste Fiat, der „Du Parc", war mit einer Karosserie ausgestattet, die mit gegenüberliegenden Sitzen die charakteristischen Merkmale eines Kleinwagens aufwies.

Der horizontale Zweizylindermotor mit 679 ccm leistete 4,2 PS bei 400 U/min. Als Höchstgeschwindigkeit schaffte er 35 km/h. Den Verbrauch würde man heute eher als sparsam ansehen. Es waren acht Liter auf 100 Kilometer. Das Dreigang-Getriebe ohne Rückwärtsgang wurde über eine Konus-Lederkupplung geschaltet. Über eine Kette erfolgte die Kraftübertragung. Um den Wagen zum Stehen bringen zu können, war er mit zwei Handbremsen ausgestattet. Die eine wirkte über ein Pedal auf das Differential, die andere bediente der Fahrer mit der Hand. Sie stoppte die Hinterräder.

Der 8 HP von 1901 war der erste Fiat mit vorne liegendem Antriebsaggregat: Ein vertikaler Zweizylinder-Motor mit 1082 ccm, der 10 PS bei 800 U/min leistete. Die Höchstgeschwindigkeit: 50 km/h. Pro Woche wurde damals ein Wagen produziert.

Der erste Fiat, der 3 1/2 HP von 1899 mit im Heck liegendem 4,2 PS Zweizylinder-Vergasermotor

Vom 3 1/2 HP werden acht Exemplare bereits im Gründungsjahr 1899 gebaut

Bei zunehmender Leistung hatten die Techniker Schwierigkeiten mit der Kühlung. Deshalb wurden die letzten Exemplare dieses Typs mit Bienenwabenkühlern ausgerüstet, welche an die Stelle der ursprünglichen Schlangenkühler traten. Typisch für den 8 HP ist die Karosserie als Kutschenform im Stil des 19. Jahrhunderts.

Schon damals wurde Kundendienst bei Fiat großgeschrieben. In einem Katalog heißt es: „Die Direktion der Gesellschaft ist stets bereit, jede Auskünfte über ihre Fahrzeuge zu geben und im Rahmen der Möglichkeiten erfahrene Mechaniker, die selbst ins Haus des Kunden kommen, zur Verfügung zu stellen …"

Zwischen 1909 und 1912 hatte die Luftfahrt, die in ihrer Entwicklung noch in den Anfängen steckte, in Europa einen enormen Schub zu vermelden, begünstigt durch die sinkende Popularität der Autorennen. Anders war es in Amerika. Dort hielt die große Beliebtheit der Jagden in den knatternden Boliden unvermindert an. Fiat, seit 1903 auf dem amerikanischen Markt heimisch, legte auf eine Rennbeteiligung jenseits des Ozeans besonders großen Wert. Deshalb meldete das Unternehmen 1911 zum Großen Preis von Amerika in Savannah gleich drei neue Ungetüme vom Typ S 74 an.

Der Fiat 8 HP (oben) von 1901/02 wurde 56 mal gebaut. Der 1082 ccm Motor leistete 10 PS, Höchstgeschwindigkeit 45 km/h. Der 12/16 HP (rechts) von 1902 ist mit einem 3768 ccm Vierzylinder-Zweiblock-Reihenmotor mit 16-20 PS ausgestattet, Höchstgeschwindigkeit 78 km/h. Der 12/15 HP Zero A von 1912 (unten) mit 19 PS erreichte bereits eine Auflage von 2041 Exemplaren

Fiat Rennwagen S 74 mit 190 PS

Dieses Fahrzeug war eine mächtige Maschine mit Kettenantrieb auf die Hinterräder und Vierzylinder-Doppelblockmotor.

Der Motor mit einem Hubraum von 14 Litern entwickelte bei 1600 U/min 190 PS. Die zwei Fahrersitze waren direkt auf das Chassis geschraubt – unmittelbar dahinter befand sich der Benzintank. Die „Roten" von Fiat beherrschten den Großen Preis von Amerika.

1910 testete Fiat einen neuen Prototypen. Sein Name: Zero (Null). Bereits zwei Jahre später wurde das Automobil unter der Bezeichnung Fiat Zero vorgestellt. Der Zero wurde für die damalige Zeit in großer Stückzahl produziert, doch der Ausbruch des Ersten Weltkrieges stoppte den Höhenflug. Insgesamt wurden rund 2000 Stück gebaut. Der Zero war ein Meilenstein für Fiat. Mit ihm wurde erstmals ein Auto für jedermann verwirklicht. Ausschlaggebend für den Erfolg war unter anderem seine Wirtschaftlichkeit, die einen Hubraum von nur 1846 ccm ermöglichte. Deshalb galt er als Voiturette (kleiner Wagen). Denn fast alle viersitzigen Tourenwagen hatten damals Motoren mit Hubräumen von vier bis fünf Litern. Der Zero wurde nur als Torpedo gebaut, die klassische Karosserieform der Touren- und Familienwagen. Später kam noch das sportliche Spider-Modell hinzu.

Die vier Sitze waren mit abwaschbarem schwarzen Leder bezogen. Über dem Armaturenbrett war die zweiteilige schrägstehende Windschutzscheibe angebracht. Die Kotflügel wurden aus einem Stück Blech tiefgezogen. Das doppelt ausziehbare Verdeck aus wasserdichtem Stoff hatte seitlich Vorhänge. Der Zero mit seinem Vergasermotor brachte bei 1800 U/min 19 PS, Höchstgeschwindigkeit: 70 km/h. Er verbrauchte zwölf Liter Kraftstoff, wog aber lediglich 900 Kilogramm.

Fiat 18/24 HP von 1908 (oben) und Fiat 18/20 HP von 1911 (unten)

Der Fiat 70 in offener Torpedo-Ausführung wurde von 1915 bis 1920 gebaut. Der 2001 ccm Motor leistete 21 PS, Höchstgeschwindigkeit 75 km/h

Die 20er und 30er Jahre

Vereinheitlichung der Teile und die Einführung der elektrischen Schweißtechnik, die das Nageln und Nieten ersetzte, waren die entscheidenden Faktoren für die hohe Auflage des 501, den Fiat von 1919 an herstellte. Die Normung – heute charakteristisch für alle modernen Produktionsformen – steckte damals noch in den Kinderschuhen. Bei Fiat wurde in dieser Zeit die Menge der verschiedenen Stahlrohre erheblich verringert. Aus mehr als 1000 verschiedenen Stahlrohr-Typen wurden 36, von den Hundertschaften an Kugellagern blieben 52 übrig. Für den robusten Viersitzer war damit die Basis zur Großserienherstellung gegeben. Gebaut wurde das Auto als Limousine, Torpedo und Spider.

Allein die Auswahl der Farben, in denen der 501 erhältlich war, ließ keine Kundenwünsche offen: Dunkelblau, dunkelrot, havanna- und kastanienbraun, dunkelgrau sowie grün. Dazu gab es eine schwarze Lederausstattung und schwarze Kotflügel. Der Motor mit vier Zylindern und einem Hubraum von 1,5 Litern brachte eine Leistung von 23 PS bei 2600 U/min. Bis Ende 1926 baute Fiat von diesem Erfolgsmodell mehr als 45 000 Einheiten. Vor allem im Ausland wurde der 501 mit seinem klassischen Kühler und der rundlichen Einfassung zur Legende. Mit der Sportversion, die 1920 und 1921 aus dem 501 entwickelt wurde, fuhren Berufs- und Amateur-Rennfahrer zahlreiche Siege ein.

Mit dem 23 PS starken 501, der von 1919-1926 gebaut wurde, begründete Fiat seinen Weltruf

Der 40 PS starke 519 mit 4766 ccm wurde von 1922-1927 insgesamt 2411 mal gebaut

Mit nur 990 ccm Hubraum wird der 509 zum Erfolgsmodell: Rund 92 000 Einheiten

Mit dem Superfiat verwirklichten die Fiat-Konstrukteure 1922 ihr Traumauto. Der schnittige Sechssitzer trug viel zum Prestige von Fiat bei, er setzte Akzente. Die Karosserie erschien als Torpedo, und als Dorsay-Torpedo.

Der Torpedo war mit seiner Innenausstattung aus antikem Leder, virtuosen Tischlerarbeiten und vernickelten Metallteilen ein wahres Luxusvehikel. Das Dorsay-Torpedo war für die Fahrgäste auf den vier hinteren Sitzen mit einem festen Dach ausgestattet, für die zwei Sitze vorne gab es ein faltbares Sonnendach. Viel Technik bot das Armaturenbrett: Amperemeter, Manometer und Thermometer für das Kühlwasser, Höhenmesser, Zeituhr, Geschwindigkeitsmesser, Kilometerzähler, Benzinstandanzeiger. Die technischen Daten des Superfiat: Zwölfzylindermotor mit 6800 ccm Hubraum in zwei Blöcken zu je sechs Zylindern gegossen – mit separatem Zylinderkopf. Pro Zylinder zwei im Kopf befindliche, austauschbare Ventile. Der Spezialvergaser von Fiat mit seinen zwei Zerstäubern war für das Anfahren mit einer regulierbaren Luftzufuhr versehen. Vervollständigt wurde die Supertechnik auf Speichenrädern von einer Hochspannungszündung mit Akkumulator, automatischer, manuell regulierbarer Vorzündung, Bremsen an allen vier Rädern, die über ein hydraulisches Bremsservo simultan betätigt werden konnten. Die Karosserieform fiel besonders durch ihre klare Tendenz zu einem weniger eckigen Erscheinungsbild auf.

Die Verknüpfung der wirtschaftlichen Vorteile mit dem Komfort eines Mittelklassewagens gelang Fiat in dem Modell 509. Es wurde 1925 in vier verschiedenen Karosserieversionen angeboten. Der Erfolg des 509 wurde dadurch verstärkt, dass dem Kunden die Möglichkeit des Ratenkaufs eingeräumt wurde. Genau wie beim 501 baute Fiat beim 509 eine sportliche Version, die sich in zahlreichen internationalen Rennen behaupten konnte. Der 509 war das kleinste Modell, das Fiat bis zu diesem Zeitpunkt gebaut hatte. Es verfügte über einen Vierzylinder-Motor mit 990 ccm. Trotz seines geringen Gewichtes von 530 kg konnte der Unterbau eine viersitzige Karosserie aufnehmen. Der Kunde konnte unter vier Ausführungen wählen: Torpedo, Spider, Cabriolet oder vornehmer Innenlenker. Der Torpedo war ein Viersitzer mit zwei zur Hälfte klappbaren Vordersitzen, um den Zugang zur Rückbank zu ermöglichen. Brems- und Schalthebel befanden sich im Innern des Wagens. Die Windschutzscheibe war zweiteilig, die obere Hälfte davon ausstellbar. Das Reserverad war bei allen Modellen hinten angebracht. Der Spider, ein sportlicher Zweisitzer, hatte hinten ein kleines Kofferraumtürchen. Das Cabriolet hatte vorn zwei Plätze und einen wegklappbaren Sitz hinten.

Superfiat 520, Zwölfzylinder, 6805 ccm, 90 PS, 120 km/h Höchstgeschwindigkeit

Fiat 512 Torpedo von 1926

Der 27 PS starke Fiat 503 von1926 mit 1,5 Liter Maschine

Fiat 515 von 1931 mit 28 PS starker 1,5 Liter Maschine

Fiat 520 als viertüriger Torpedo, gebaut von 1928-30, 1866 ccm, 35 PS, 78 km/h

Die 2,5 Liter Maschine des Fiat 521 von 1928 leistete 50 PS

1932 erreichte Fiat eine Rekordproduktion von 22 122 Einheiten. 6578 davon wurden exportiert. In dem Jahr gab es wieder einen Fiat mit geringem Preis und minimalen Unterhaltskosten, den Balilla. Ein Werbeplakat jener Zeit liest sich so: „Endlich ein Wagen für das gesamte Volk. Ein Präsent von Fiat an die Italiener." Als reine Metallkonstruktion wurde der Balilla in drei Ausführungen angeboten: Limousine, Torpedo und Spider. Der Vierzylindermotor mit 995 ccm Hubraum erzielte 85 km/h Höchstgeschwindigkeit. 1934 erschien eine Version mit neuem Getriebe und vier Gängen. Niedriger und schlanker war die Karosserie der Sportversion 508 S.

Fiat 524 C, gebaut 1931-34, 2516 ccm, 52 PS

Zur Legende wurde der 508 C, auch Balilla 1100 genannt. Er ist das Nachfolgemodell des Balilla von 1932. Wichtige Neuerungen waren die völlig neu konzipierte Karosserie und die unabhängige Aufhängung der vorderen Räder. Der wahrhaft gutmütige Motor war jener, der später im 1100 verwendet wurde – mehr als zwei Millionen Mal. Der Hubraum: 1089 ccm. Der drehfreudige Motor mit 32 PS leistete stets mehr als angegeben. Später hat sich die PS-Zahl verdoppelt. Auffälligstes Merkmal war der Aluminium-Zylinderkopf.

Der Fiat 508 Balilla mit 995 ccm Hubraum erreichte eine Höchstgeschwindigkeit von 85 km/h

Zwei Fiat 508 S Balilla an der Strandpromenade von Bari vor einem Ardita 1750 Corso, rechts ein Fiat 518 Ardita von 1933

Der zweisitzige Sportwagen Fiat 508 S Balilla von 1933 (Entwurf von Ghia) mit 30 PS wog nur 540-600 kg

Fiat 508 Spider von 1932, rechts der Fiat 508 C, auch Balilla 1100 genannt, von 1938 mit 1089 ccm Hubraum und 32 PS

Aerodynamische Karosserieformen bestimmten das Design der Automobile Mitte der dreißiger Jahre. Fiat zählte zu den Ersten, die die Grundsätze der Aerodynamik in einem serienmäßig gebauten Pkw anbieten konnten. Der 1500 von 1935 mit Sechszylinder-Motor und vorderer Einzelradaufhängung verzichtete bereits auf den Mittelpfosten der Windschutzscheibe. Fast unverändert wurde der 1500, von dem es auch ein Cabriolet gab, bis 1948 gebaut. Dann wurde die Karosserie modifiziert und mit leicht amerikanischem Akzent angeboten.

Fiat 1500 mit Sechszylinder-Reihenmotor mit 45 PS, gebaut 1935-48

Der 1500 wird mit hydraulischen Bremsen an allen vier Rädern angeboten und verfügt über einzeln aufgehängte Räder an der Vorderachse

Mit neugestalteter Front zeigt sich der Fiat 1500 E, der von 1949-1950 gebaut wurde. Rechts eine Cabrio Sonderkarosserie von Maggiora

Ein echter Knüller gelang den Fiat-Konstrukteuren mit dem Fiat 500, einem Zweisitzer. Den preiswerten Kleinwagen für den nicht so großen Geldbeutel, im Volksmund auch liebevoll Topolino (Mäuschen) genannt, baute Fiat von 1936 an – ein revolutionäres Automobil für die damalige Zeit.

Der 500 wurde zunächst in drei Versionen angeboten: als Limousine, als Cabrio-Limousine und in Deutschland auch als Roadster. Was ihn auszeichnete war unter anderem sein geringes Gewicht, 535 Kilogramm, das durch die kleineren Ausmaße erreicht wurde. Trotzdem blieb der Komfort des Innenraums erhalten. Möglich machte dies die Sitzanordnung genau zwischen Vorder- und Hinterachse. Dazu wurde der Motor nach vorne verlagert. Der Wagen sah nicht nur niedrig aus, sondern er hatte tatsächlich einen sehr tief liegenden Schwerpunkt, was für gute Kurvenstabilität sorgte. Die Straßenlage war außergewöhnlich. Sie wurde durch eine neue Lenkung, wegen der vorderen unabhängigen Radaufhängung und durch die günstige Gewichtsverteilung erreicht. Das Viergang-Getriebe hatte einen synchronisierten dritten Gang, die Bremsen wurden hydraulisch betätigt.

Der Motor mit vier Zylindern hatte einen Hubraum von 570 ccm und einen separaten Zylinderkopf aus Aluminium. Die Ventile waren seitlich angeordnet. Die Leistung: 13 PS bei 4000 U/min, die Höchstgeschwindigkeit betrug 85 km/h.

Fiat 500 mit unabhängig gefederten Rädern, hydraulischen Stoßdämpfern und direkter Lenkübertragung auf die beiden Vorderräder. Die hydraulische Fußbremse wirkte auf alle vier Räder. Für die Sicherheit des 500 sprachen auch die Ganzstahlkarosserie und die Fester aus Securit-Glas

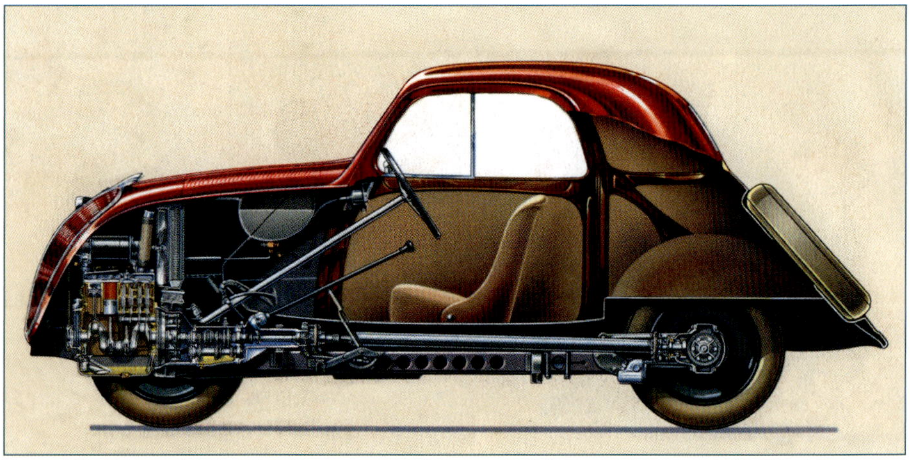

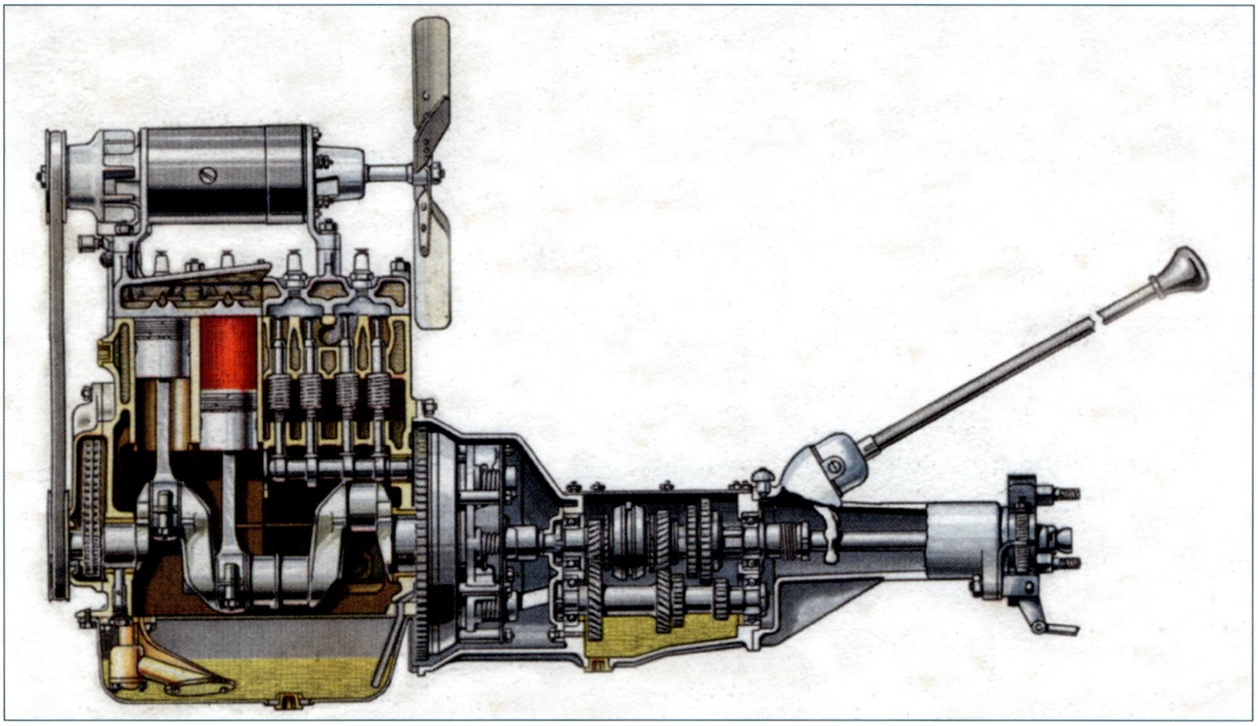

Der 13 PS starke Vierzylindermotor des Fiat 500 mit 570 ccm, Zylinderkopf in Aluminiumlegierung. Die Ventile sind seitlich angeordnet, direkt von der Nockenwelle durch Rollenkette angetrieben

Luxus im Kleinen: Zweifarbig lackierte Cabriovariante des Fiat 500 Topolino mit viel Chrom (oben).

Der Fiat 500 B war eine Zwischenlösung, die 1948/49 angeboten wurde. Der Typ B unterschied sich vom Ur-Topolino im Wesentlichen durch die auf 16,5 PS erhöhte Motorleistung

Der 500 C Topolino erscheint 1949 mit völlig neuer Karosserie, größerem Gepäckraum, Reserverad im Wagen und wird wie der 500 B von einem 16,5 PS starken Vierzylindermotor angetrieben. Gebaut wird der 500 C bis 1955. Ab 1952 wird er als NSU-Fiat 500 C auch in Heilbronn montiert. Der Kombi bietet zwei Verwendungsmöglichkeiten: Vier Sitzplätze und noch Platz für Gepäck oder zwei Sitzplätze und durch Umklappen der Rücklehne der hinteren Sitze eine geräumige Ladefläche, die von der dritten Tür an der Rückwand des Wagens zu erreichen ist.

Insgesamt werden von den drei Varianten 500, 500 B und 500 C rund 550 000 Exemplare gebaut.

Fiat 500 C, gebaut von 1949-55, 569 ccm, 16,5 PS, 95 km/h Höchstgeschwindigkeit. Rechts: Die Anordnung der Vorderradaufhängung mit unabhängigen Rädern und doppelt wirkenden Stoßdämpfern

Der Lieferwagen 500 C ist mit einer Nutzlast von 300 kg ausgelegt, erreicht 85 km/h Höchstgeschwindigkeit und verbraucht 5,8 l

Der 500 C wird als Kombi von 1949-52 unter der Bezeichnung Giardiniera (links) angeboten und mit modifizierter Karosserie von 1951-55 als Belvedere. Die von NSU-Fiat angebotene Variante verzichtet auf klangvolle Bezeichnungen, sie nennt sich schlicht Kombinationswagen und präsentiert sich mit glatter Karosserie, also ohne die typischen Außenverstrebungen

Fiat hat Automobile geschaffen, die ihr ureigenes Design und eine legendäre Geschichte aufweisen. Ein Beispiel dafür ist der Fiat 1100/1200. Es ist eine Geschichte von mehr als 30 Jahren, sie umfasst den Zeitraum von 1939 bis 1969. In diesem Zeitabschnitt wurde der 1100/1200 in mehr als zwei Millionen Exemplaren und in einer Vielzahl verschiedener Karosserieformen produziert. Dieser Typ hat Millionen Autofahrer begleitet – ein Stück Historie.

Der 1100 geht auf den vorher schon erwähnten 508 C Balilla aus dem Jahr 1937 zurück. Die offizielle Bezeichnung 1100 erhielt er 1939, als er mit stark veränderter Frontpartie erschien. Der Motor war bis 1969 so gut wie unverändert. Lediglich die Leistung von zunächst 32 PS wurde kontinuierlich erhöht. 1953 erschien der 1100 mit einer völlig überarbeiteten Karosserie. Diese wurde bis in das Jahr 1966 nur geringfügig verändert. Der folgende 1100 R war das Übergangsmodell zum Fiat 124.

Der 1200 Gran Luce erschien 1957 und wurde bis 1960 gebaut. Die Karosserie wurde weitgehend vom 1100 übernommen, aber die Fenster- und Dachpartie war moderner gestaltet. Der Motor mit 1221 ccm Hubraum leistete 55 PS, die Höchstgeschwindigkeit betrug 135 km/h. Das 1200er Cabrio, das von 1959 bis 1963 produziert wurde, kam mit seinen 58 PS immerhin auf 145 km/h. Die von Pininfarina entworfene Karosserie fand sich auch beim 1500er Cabrio wieder.

Fiat 1100, 1939-48, viertürig, Vierzylinder-Reihenmotor, 1089 ccm, 32 PS, 109 km/h

Der Fiat 1100 EL mit längerem Radstand wurde von 1949 bis 1953 angeboten

Mit völlig überarbeiteter und selbsttragender Karosserie wurde der neue Fiat 1100, der „Nuovo Millecento" 1953 auf dem Turiner Salon vorgestellt

Der Fiat 1100 von 1953 ist mit dem bewährten 1089 ccm Vierzylindermotor ausgestattet, der auch schon den Balilla antrieb, 36 PS, 116 km/h. Der Innenraum ist trotz geringeren Gewichts etwas größer geworden. Die Kombiversion „Familiare“ hat Einzelsitze vorn und verstellbare und umklappbare Rücklehnen

Der NSU-Fiat Neckar Sport (rechts und Mitte) auf Basis des 1100 wurde von 1954 bis 1956 als Coupé und Cabrio von Wendler und Rometsch gebaut. Mit 48 PS schaffte der sportlich ambitionierte Wagen 135 km/h Höchstgeschwindigkeit

Das Fiat Sport Cabriolet Neckar-Spyder mit 50 PS (ab 1956 mit 53 PS) und 140 km/h Höchstgeschwindigkeit wurde von 1955 bis 1957 angeboten

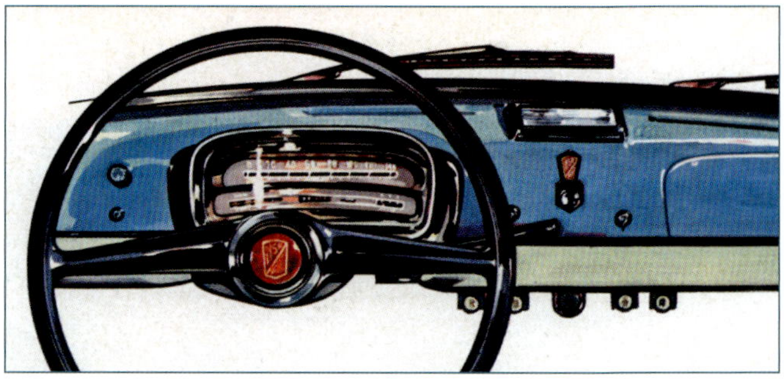

NSU-Fiat Neckar 1100 (1955/56) 40 PS, 125 km/h, oben mit Stahlschiebedach und den zeittypischen Weißwandreifen. Der Fiat 1100 E Lieferwagen (links) hat 675 kg Nutzlast mit zwei Personen und kann in einen Reisewagen für fünf Personen verwandelt werden

Fiat 1100 (1956/57) mit modifizierter Karosserie: Die Frontpartie ist neu gestaltet und das Dach kantiger geworden. Auch die vorderen Türen sind jetzt vorne angeschlagen. 1957 wird die Motorleistung von 40 auf 43 PS erhöht

Winterfreuden Anfang der sechziger Jahre: NSU-Fiat 1100 Neckar Spezial (1960/61) mit 48 PS, 130 km/h Höchstgeschwindigkeit. Rechts: Fiat Neckar 1100 (1966/69), ebenfalls mit 48 PS, Höchstgeschwindigkeit 132 PS. Insgesamt wurde der Fiat 1100 in all seinen Varianten 1 750 000 mal gebaut

Der Fiat Europa Familiare, der auf dem 1100 D basiert, wurde von 1962 bis 1966 gebaut. Der Vierzylindermotor mit 1221 ccm Hubraum leistet 48 PS, Höchstgeschwindigkeit 130 km/h

Der Fiat 1200 Gran Luce wurde von 1957 bis 1960 angeboten. Der 1221 ccm Motor mit 52 PS sorgt für 138 km/h Höchstgeschwindigkeit. Wie auf dem Farbfoto zu sehen, wird der 1200 auch dreifarbig angeboten

Das Fiat 1200 Cabriolet ist von 1959 bis 1963 im Programm. Mit seinen 58 PS kommt es auf 145 km/h Höchstgeschwindigkeit. Die geradlinige Karosserie ist ein Entwurf von Pininfarina

FIAT 1400/1900 1950 BIS 1958

Auf dem Genfer Autosalon 1950 wurde ein völlig neuer Fiat vorgestellt, der schon erste Merkmale einer Ponton-Form aufwies. Der 1400 war mit einer selbsttragenden Ganzstahlkarosserie ausgestattet und zugelassen für sechs Personen. Der Vierzylinder-Reihenmotor leistete 44 PS, die Höchstgeschwindigkeit lag bei 120 km/h.

1953 wurde eine 40 PS Diesel-Ausführung mit 1901 ccm Hubraum angeboten. Es handelte sich um den ersten Diesel-Pkw von Fiat. Die Höchstgeschwindigkeit betrug 100 km/h.

1954 erschienen die 1400er mit leicht veränderter Karosserie. Sie nannten sich jetzt 1400 A und 1400 A Diesel. Die Motorleistung des 1400 A war auf 50 PS erhöht, die Höchstgeschwindigkeit auf 125 km/h. Der 1400 A Diesel blieb unverändert.

Der 1400 B, der von 1956 bis 1958 produziert wurde, war mit 54 PS ausgestattet und erreichte 136 km/h.

Der Fiat 1900 erschien zunächst 1952 in der Karosserie des 1400, der Motor leistete 58 PS, später 60 PS. Der 1900 A von 1954 ist mit 70 PS ausgestattet, der 1900 B, der 1956 auf den Markt kommt, mit 80 PS. Die Höchstgeschwindigkeit des 1900 B beträgt 135 km/h. Außer der viertürigen Limousine wurde eine elegante, zweifarbig lackierte und zweitürige Granluce-Version angeboten, deren Heckfenster besonders weit herumgezogen ist.

Die Produktion des Fiat 1900 lief 1958 aus. Von allen Baureihen wurden insgesamt 15 759 Exemplare gefertigt.

Der Fiat 1400 kommt 1950 als erste Fiat-Neukonstruktion nach dem Zweiten Weltkrieg auf den Markt – mit selbsttragender Karosserie. Der Vierzylinder-Reihenmotor leistet 44 PS

Viertüriger Fiat 1900 B (oben), die zweitürige Coupé-Ausführung „Granluce“ (links) und der 1900 B als hocheleganter „Gran Vue“ (unten)

Den ersten Campagnola brachte Fiat 1951 auf den Markt, ein offener Allrad-Geländewagen mit einschaltbarem Vorderachsantrieb. Der Vierzylinder-Reihenmotor (1905 ccm) leistete 53 PS bei 3700 U/min und erreichte eine Höchstgeschwindigkeit von 110 km/h. Ab 1953 war der Campagnola auch als Diesel erhältlich. Es folgten Spezial-Ausführungen für militärische Zwecke und für die Feuerwehr. Auch geschlossene Varianten waren erhältlich. Die jüngeren Campagnola waren mit fünf Gängen, Servolenkung und verschiedenen Sonderausstattungen zu haben. Eine stärkere Diesel-Version mit 2445 ccm Hubraum, 72 PS und 115 km/h Höchstgeschwindigkeit kam 1979 auf den Markt.

Der Fiat Campagnola erschien 1951 als zweitüriger Geländewagen mit separatem Rahmen und Antrieb auf alle vier Räder, Vorderradantrieb war zuschaltbar

Fiat Campagnola von 1979 in geschlossener Ausführung (oben) und in offener (unten)

Er kam auf Geschwindigkeiten von über 200 km/h und wurde erfolgreich bei der Stella Alpina, der Coppa Monza und bei den Zwölf Stunden von Pescara eingesetzt: Der Fiat 8 V, ein Traum-Sportwagen, von dem nur 114 Exemplare hergestellt wurden. Zunächst war die Karosserie aus zwei zusammengeschweißten Stahlblechschalen gefertigt, 1954 wurde auf dem Turiner Salon eine Kunststoffkarosserie aus glasfaserverstärktem Polyesterharz präsentiert. Der Achtzylinder-V-Motor mit 1996 ccm Hubraum leistete 105 PS bei 5600 U/min, später 115 PS bei 6500 U/min und 127 PS bei 6600 U/min. Es handelte sich bei dem Motor um den ersten und einzigen Achtzylinder der Fiat-Nachkriegszeit.

Der Fiat 8V wurde auf dem Genfer Salon 1952 mit einer aus zwei Blechschalen bestehenden selbsttragenden Karosserie präsentiert. Nachdem 34 von den insgesamt 114 Exemplaren gebaut waren, wurde die Front neu gestaltet (unten)

Er erstzte den legendären Topolino, der Fiat 600, der 1955 an den Start ging. In den folgenden Jahren erfuhr der 600 laufend Detailverbesserungen. 1960 wurde der Hubraum auf 767 ccm erhöht. 1964 erhielt der Fiat 600 aus Sicherheitsgründen vorn anschlagende Türen. 1965 unterzogen die Konstrukteure den 600 einer größeren Schönheitsoperation.

Der Erfolg des 600 wird durch die Produktionszahlen demonstriert. Bis Ende Oktober 1969 wurden 2 300 000 Einheiten gebaut. Mit diesem Modell hatten die Turiner den ersten wirtschaftlichen Kleinwagen mit vier Plätzen entwickelt, einen Wagen, dessen Abmessungen und Gewicht etwa denen des Fiat 500 C entsprachen. Der Kaufpreis war jedoch geringer.

Der 600 war im Wesentlichen aus drei Segmenten gebaut: Die selbsttragende Karosserie, die im Heck untergebrachte Antriebsgruppe mit unabhängiger Radaufhängung und die vorderen Lenkungs- und Aufhängungsteile.

Der wassergekühlte Vierzylinder-Reihenmotor leistete 19 PS, ab 1960 23 PS. Die Höchstgeschwindigkeit lag bei 100 km/h, später 110 PS.

1956 kam der Fiat 600 Multipla auf den Markt, ein Großraumwagen, der als Vier-, Fünf- und Sechssitzer angeboten wurde. Klappte man die mittleren und hinteren Sitze um, ergab sich eine beachtliche Ladefläche. Der Multipla, der wie die Normalausführung motorisiert war, wurde wie diese auch bis 1969 gebaut.

Fiat 600 mit Vierzylinder-Heckmotor, oben die erste Version mit 633 ccm Hubraum, 19 PS und rund 100 km/h Höchstgeschwindigkeit (1955-60). Unten der 600 D mit 767 ccm Hubraum, 23 PS und 110 km/h Höchstgeschwindigkeit

Der Fiat 600 gilt nicht nur in der Fiat-Werbung als „ungekrönter König aller Kleinwagen“. Die drei Aufnahmen oben zeigen den Fiat 600 D, der in Deutschland unter der Bezeichnung NSU/Fiat Jagst 770 angeboten und dem dort eine gute Straßenlage und Wirtschaftlichkeit bescheinigt wurde

Fiat 600 aus dem Baujahr 1964 (oben). Von Heilbronn zu den Händlern: Fiat Neckar und Fiat 600 werden verladen (Mitte). Mehr als 410 000 Fahrzeuge wurden insgesamt von Fiat für den deutschen Markt in Deutschland hergestellt. Das Foto (rechts) soll zeigen, dass der NSU-Fiat Jagst 770 Platz für vier Erwachsene bietet

„An Individualisten mit Niveau hat der Karossier gedacht, als er dieses kleine Meisterwerk schuf – an Kenner wie Sie. Ganz gleich, ob Sie sich für das bildschöne Coupé entscheiden, oder dem rassigen Spyder den Vorzug geben – Sie erwerben ein Automobil, das die technischen Details des Großserienwagens NSU-Fiat Jagst 770 mit der sportlich eleganten Karosserie eines italienischen Künstlers vereint." So lautete der Werbetext für den Jagst 770 Riviera, den Vignale eigens für Heilbronn geschaffen hatte. Wie die Limousine, wird der Riviera von dem 25 PS starken Vierzylinder-Heckmotor mit 767 ccm Hubraum angetrieben. Die Höchstgeschwindigkeit beträgt auch hier 110 km/h

Der Fiat Multipla erschien parallel zu den 600er-Modellen. Er wurde von 1956-60 mit 633 ccm Hubraum und 19 PS, und von 1960-69 mit 767 ccm Hubraum und 25 PS angeboten. Der Großraum-Kleinwagen ist als Vorreiter der Van-Welle zu sehen. 1999 erlebte er eine vielbeachtete Neuauflage

Der Fiat Multipla ist als Vier-, Fünf- oder Sechssitzer lieferbar und bietet bei umgeklappten mittleren und hinteren Sitzen eine Ladefläche von 1,75 qm

Der Multipla Kastenwagen ist mit Ladetüren an der rechten oder linken Seite in je zwei Ausführungen erhältlich: Zweiflügelig oder mit einteiliger Schiebetür. Der hintere Laderaum, unter dem der Motor positioniert ist, wird mit nach oben zu öffnender Heckklappe erreicht

FIAT 500 NUOVA 1957 BIS 1975

Ein neuer Topolino kam 1957 auf den Markt, der Fiat 500 Nuova. Von den drei Versionen des Mäuschens hatte Fiat in der Zeit von 1936 bis 1954 550 000 Stück gebaut. Der Nuova erreichte diese Zahl bereits nach fünf Jahren – ein Auto für Jedermann. Oft liebevoll lackiert schnurrt der kleine Viersitzer noch heute auf den Straßen. Charakteristisch sind seine kompakten Außenmaße: 2910 mm lang, 1320 mm breit und 1325 mm hoch. Die Kosenamen für den Neuen reichen von Elefantenrollschuh bis zu Rutscherle. Besonderer Gag: Trotz beengter Platzverhältnisse hat der Kleine Liegesitze. 1966 hatte die Produktion in den verschiedenen Ausführungen 1 500 000 Einheiten erreicht.

Die erste Ausführung des neuen 500 erschien mit einem luftgekühlten 15 PS Heckmotor, Höchstgeschwindigkeit 85 km/h. 1960 gab es eine stark verbesserte Ausführung, den 500 D. Die Türen wiesen Kurbelfenster auf, der luftgekühlte Zweizylinder-Motor leistete 17,5 PS. Abgelöst wurde der 500 D 1965 vom 500 F mit 18 PS und vorn angeschlagenen Türen. 1972, nach Einführung des Fiat 126, gab es nur noch eine Sparversion, den 500 R, der bis 1975 im Programm war.

Von 1958 bis 1960 wurde der 500 Sport gebaut, erkennbar an roten seitlichen Zierstreifen. Eine eigene Coupé-Variante war der NSU-Fiat 500 Weinsberg, gebaut von 1959 bis 1963, der zweifarbig lackiert auftrat. Insgesamt wurden 3,6 Millionen Fiat 500 gebaut.

Der neue Fiat 500 kam 21 Jahre nach dem Erscheinen seines legendären Vorgängers Topolino auf den Markt. In einem Prospekt von Fiat heißt es dazu: „Der neue 500 bedeutet einen echten Fortschritt auf dem Gebiet des Kleinwagenbaus. Dieser Fortschritt bezieht sich nicht allein auf Konstruktion und Technik, sondern er ist vor allem auch in sozialer Hinsicht beachtlich. Je mehr Kleinwagen bei angemessenem Preis und geringen Betriebskosten erscheinen ... wird es vielen ermöglicht, den eigenen Lebensstandard zu heben und zu modernisieren."

Zwei Erwachsene und zwei Kinder sind kein Problem für den neuen Fiat 500, sie finden auf den schaumgummigepolsterten Sitzen bequem Platz. Dabei ist der Kleinwagen, den man leicht auch in winzigen Parklücken unterbringen kann, noch enorm wendig: Der Wendekreis-Durchmesser beträgt 8,6 Meter. Das große Sonnen-Rolldach, das ebenso zur Serienausstattung gehört wie die Ausstellfenster, vermittelt Urlaubsstimmung und verwandelt den Fiat 500 fast in ein Cabrio. Der luftgekühlte Zweizylinder-Viertaktmotor ist platzsparend im Heck des Fahrzeugs untergebracht. Das Vierganggetriebe wurde mit einer Klauenschaltung ausgerüstet. Vorder- und Hinterradaufhängung mit unabhängigen Rädern, vorne quer angeordnete Blattfedern und hydraulische Teleskopstoßdämpfer, hinten Schraubenfedern und hydraulische Teleskopstoßdämpfer und Längslenker mit elastischen Büchsen

Der elegante Winzling NSU-Fiat 500 Weinsberg (oben links) wird von 1959 bis 1963 im Karosseriewerk Weinsberg gebaut. Er ist serienmäßig zweifarbig lackiert und mit Schiebedach ausgestattet. Der Fiat 500 D mit 17,5 PS und 95 km/h Höchstgeschwindigkeit wird als Limousine von 1960 bis 1965 gebaut, als Kombi von 1960 bis 1966. Der Kombi heißt in Italien Giardiniera, in Deutschland Familiare

Der Fiat 500 F, der von 1965 bis 1972 im Programm ist, wartet mit 18 PS und 100 km/h Höchstgeschwindigkeit auf. Ab 1968 ist eine Luxus-Ausführung mit vorderem Chrombügel, Zierleisten und Gürtelreifen erhältlich. Der 500 F Luxus kostet 3 388 DM inklusive Sonnendach, Scheibenwaschanlage, Lichthupe, Einzelsitzen vorn und einer Vorrichtung für die Anbringung von Sicherheitsgurten

Auf dem Genfer Salon 1959 präsentierte Fiat die Sechszylinder-Typen 1800 und 2100, die dort auf großes Interesse stießen. Besonders die bestechend klare Linienführung kam gut an. Beide Ausführungen sind mit einer selbsttragenden Karosserie und einem konventionellen vollsynchronisierten Getriebe ausgestattet und werden als viertürige Limousinen und fünftürige Kombis (Familiare) angeboten. Der 1800, der von 1959 bis 1968 angeboten wurde, hat einen 1795 ccm Motor mit 75 PS (ab 1961 mit 81 PS) und erreicht 137 km/h Höchstgeschwindigkeit. Der 2100, von 1959 bis 1961 im Programm, wurde von einer 2054 ccm Maschine mit 82 PS angetrieben.

1961 wurde der 2100 durch den 2300 ersetzt, äußerlich erkennbar an geringfügigen Modifikationen der Karosserie. Die Änderungen an der Technik waren hingegen bedeutsamer: Der Hubraum wurde auf 2279 ccm vergrößert, die Leistung auf 105 PS erhöht, die Höchstgeschwindigkeit betrug 162 km/h. Scheibenbremsen wurden eingebaut und Zug um Zug wurde der 2300 auf Wunsch mit automatischem Getriebe, Overdrive, Klimaanlage und Servolenkung geliefert.

Von 1961 bis 1964 war das ebenfalls 105 PS starke aber 175 km/h schnelle 2300 Coupé in der Fiat-Sechszylinderfamilie, das von der 130 PS leistenden Abarth Ausführung , die es auf 200 km/h brachte, übetrumpft wurde. Dieses schnittige 2300 Coupé S war bis 1968 im Programm.

Fiat 1800/2100, ganz oben auf dem Markus-Platz in Venedig, links und unten die Familiare-Ausführung mit zweiflügeliger Hecktür. Die hintere Sitzbank ist umklappbar

Fiat 1800/2100 Familiare (oben). Rechts der Familiare 2300. Unten präsentieren sich der Fiat 2300 Luxus, im Vordergrund mit Doppelscheinwerfern, und der 1800 B mit 81 PS und 146 km/h Höchstgeschwindigkeit, der von 1961 bis 1968 gebaut wurde

Keine Frage, der Fiat 2300 Luxus war eine der elegantesten Reiselimousinen seiner Zeit. Für gute Sicht auch bei Nacht sorgen die vier Fernscheinwerfer in Verbindung mit der 12 Volt Lichtanlage. Die Stoßstangenhörner haben eine Gummiauflage

Fiat 2300 Luxus. Das Zweispeichenlenkrad gewährt dem Fahrer gute Sicht auf die Armaturen. Das Handschuhfach ist abschließbar und beleuchtet. Die Vordersitzlehnen lassen sich in jede gewünschte Rücklage einstellen. Der Sechszylindermotor mit 2279 ccm Hubraum leistet 102 PS, Höchstgeschwindigkeit 162 km/h. Scheibenbremsen an allen vier Rädern

Modell 2300, Endmontageband im Werk Mirafiori

Beim Fiat 2300 Spezial wurde der Radstand um acht Zentimeter verlängert, was dem Innenraum zugute kommt, der gleichzeitg luxuriöser gestaltet worden ist. Auch äußerlich sind einige Veränderungen erkennbar, besonders an der Frontpartie

Versuchsstrecke für Personenwagen in Mirafiori

Traumauto der sechziger Jahre: Fiat 2300 S Coupé von Ghia, mit 136 PS auf 200 km/h Höchstgeschwindigkeit

Mit den Modellen 1300/1500 führte Fiat den Begriff des Kompaktwagens in Europa ein, ein Fahrzeug mit knappen Außenmaßen und größtmöglichem Innenkomfort. Sämtliche Einzelteile des 1300/1500 wurden langen und anspruchsvollen Tests unterworfen. Das Getriebe beispielsweise wurde Zehntausende von Kilometern mit einem Drehmoment belastet, das 40 Prozent über dem höchsten Drehmoment des Motors lag. Die Synchronisation der Gänge durfte auch nach 50 000 Schaltvorgängen keine Verbrauchserscheinungen aufweisen. Nicht weniger wichtig waren die Prüfungen der Fahrzeuge bei unterschiedlichsten Temperaturen, um die Widerstandsfähigkeit bei extremer Hitze oder Kälte zu erforschen. 19 Prototypen wurden gebaut, von denen jeder zwischen 60 000 und 120 000 Kilometer zurückgelegt hat.

Die Folge: Der Boden wurde modifiziert, was die Schwingungen verminderte und für größere Stabilität sorgte. Die Vibration der Motorhaube wurde um das Achtfache und die der Kotflügel um das Zehnfache reduziert. Der 1300/1500 ist das erste in großer Serie produzierte Modell, das mit Scheibenbremsen ausgerüstet wurde.

Die Typen 1300 und 1500 erschienen 1961 mit Vierzylindermotoren als viertürige Limousinen und als fünftürige Kombis (Familiare) und wurden bis 1967 gebaut. Der 1300 hatte 1295 ccm Hubraum, 65 PS und kam auf 140 km/h. Der 1493 ccm Motor des 1500 leistete 75 PS und erreichte 158 km/h.

Der Fiat 1300 startet 1961 mit 65 PS und 140 km/h Höchstgeschwindigkeit. Er ist mit Scheibenbremsen an den Vorderrädern und vollsynchronisiertem Getriebe ausgestattet

Grundaufbau und mechanische Aggregate des mit einer selbsttragenden Karosserie ausgestatteten Fiat 1300/1500. Vier vorne angeschlagene Türen und Einsteigleuchten sorgen für einen bequemen Ein- und Ausstieg. Vordere Einzelsitze mit anatomisch angepassten stufenverstellbaren Rücklehnen. Hinten ist Platz für drei Passagiere

Rechts: Ausfahrt des Fiat Clubs Arolsen.
Mitte: Fiat 1500 Familiare. Die Sitzbank im Fond ist umklappbar, so entsteht eine Ladefläche, die von der Hecktür aus zugänglich ist.
Unten: Der Fiat 1500 C ist mit größerem Radstand und stärkerer Motorleistung ausgestattet. Mit seinen 83 PS, wie er ab 1964 gebaut wird, erreicht er 155 km/h Höchstgeschwindigkeit

Fiat 1300/1500 am Montageband in Mirafiori. Rechts der Fiat 1500 C mit größerem Radstand und 83 PS, wie er ab 1964 gebaut wurde

Der Fiat 1500 L erschien 1963 in der Karosserieform des 1800 und war bis 1968 lieferbar. Der 1,5 Liter Motor leistet 75 PS

Auch das Cabriolet des Fiat 1500, das von 1963 bis 1966 hergestellt wurde, war ein Verkaufserfolg. Der Vierzylindermotor mit 1481 ccm Hubraum schaffte 75 PS bei 5400 U/min. Das sportliche Fahrzeug hatte als einziges der 1500er Serie ein Fünfgang-Getriebe, brachte es auf 166 km/h und beschleunigte von null auf 100 km/h in 13 Sekunden. Im Verbrauch war es sparsam: 9,2 Liter auf 100 Kilometer.

Der 1600 S, gebaut von 1962 bis 1966, erhielt ebenfalls die Pininfarina-Karosserie, die leicht modifiziert war. Der 1,6 Liter Motor mit 90 PS verhalf dem Cabrio zu 175 km/h Höchstgeschwindigkeit. 1965 wurde der 1600 S mit einem vollsynchronisierten Fünfgang-Getriebe bestückt. Neben dem Cabrio wurden auch wenige Coupés bei Pininfarina gebaut.

Fiat 1500 Cabriolet von 1965/66 mit 75 PS und 166 km/h Höchstgeschwindigkeit

FIAT 850 1964 BIS 1974

Mit dem Fiat 850 erschien 1964 ein echtes Allround-Fahrzeug. Vom sportlichen Spider über die Limousine bis hin zum praktischen Kleinbus mit riesigem Platzangebot war der Fiat 850 erhältlich. Allein in den ersten zwei Jahren, von 1964 bis 1966, wurden von dem beliebten Modell 800 000 Stück gebaut. Die Außenmaße des Fiat 850 entsprachen etwa denen des 600. Die Möglichkeiten, Gepäck im Innenraum zu transportieren, waren jedoch erheblich größer. Aus Sicherheitsgründen öffnete sich die Motorhaube gegen die Fahrtrichtung. Der Benzintank war vom Motorraum durch eine zusätzliche Wand getrennt.

1965 stellte Fiat die beiden sportlichen Ausführungen Coupé und Spider vor, wobei letzterer mit einer Bertone-Karosserie ausgestattet war. 1968 wurde der Spider in Sport Spider umbenannt, erhielt mehr Leistung und senkrecht stehende Scheinwerfer anstelle der schräggestellten. 1968 folgte der Fiat 850 Special, eine Kombination aus Limousine und Coupé, der mit mehr Chrom, breiteren Reifen, Lochfelgen und einer sportlicheren Innenausstattung auftrat.

Die Vierzylinder-Motoren mit 843 ccm Hubraum leisteten 34 PS, Höchstgeschwindigkeit 120 km/h. Das Coupé und der Special wurden mit 47 PS angetrieben und waren 136 km/h schnell. Der Spider kam zunächst mit 49 PS auf den Markt, als Sport Spider steigerte sich die Leistung auf 52 PS, die den Flitzer auf 150 km/h trieben.

Der Fiat 850 kam 1964 auf den Markt und startete gleich durch: Er avancierte zu einem der beliebtesten Kleinwagen der sechziger Jahre

Alle auf einen Streich: Von links nach rechts: Fiat 850 Sport Spider, Fiat 850 Sport Coupé, Fiat 850 Special, Fiat 850

Erfolgreiches Kleeblatt: Fiat 500, Fiat 600 (770), Fiat 850, Fiat 1100

Von links nach rechts: Fiat 500, Jagst 770 S, Fiat 850, Fiat 850 Special

Trotz seiner geringen Außenmaße ist der Innenraum des Fiat 850 respektabel, er ist für 4/5 Personen ausgelegt

Der Fiat 850 legte zur Erprobung Tausende von Kilometern zurück, vom Polarkreis bis zum ...

Das Röntgenbild zeigt den Grundaufbau und die mechanischen Aggregate

Geräumiger Kofferraum unter der Fronthaube und Ablage hinter der Rückbank

... Äquator, bei Temperaturen von –36 bis +50 Grad

34 PS Heckmotor des Fiat 850

Von der Eisenbahn-Verladestation in Mirafiori aus geht der Fiat 850 in alle Welt. Inserat von 1968 aus dem Technikmagazin „Hobby“

Der Fiat 850 Special wird 1968 auf dem Genfer Salon vorgestellt. Er wartet mit 47 PS, Scheibenbremsen vorn und breiteren Reifen auf. Außerdem ist er mit Lochfelgen ausgestattet und mit automatischem Getriebe lieferbar. Die Innenausstattung (rechts) ist gegenüber der Normalversion komfortabler und sportlicher angelegt

Das Fiat 850 Sportcoupé ist von 1965 bis 1968 mit 47 PS lieferbar und erreicht 136 km/h. Von 1968 bis 1972 wird das erfolgreiche Coupé mit einem 903 ccm Motor angeboten, der 52 PS leistet und 145 km/h Höchstgeschwindigkeit erzielt. In einer Pressemitteilung (April 1971) heißt es, dass bereits 360 000 Einheiten des Coupés hergestellt worden seien, 54 Prozent davon wurden exportiert

Der traumhaft schöne Fiat 850 Spider ist von 1965 bis 1968 mit 49 PS erhältlich und wird als Sport Spider von1968 bis 1972 mit 52 PS angeboten, womit er 150 km/h schnell ist. Auf der rechten Seite sind die Armaturen mit dem Lochspeichenlenkrad des Sport Spider zu sehen und der 52 PS starke Vierzylindermotor. Das Röntgenbild zeigt, wie der Motor im Fahrzeug steht

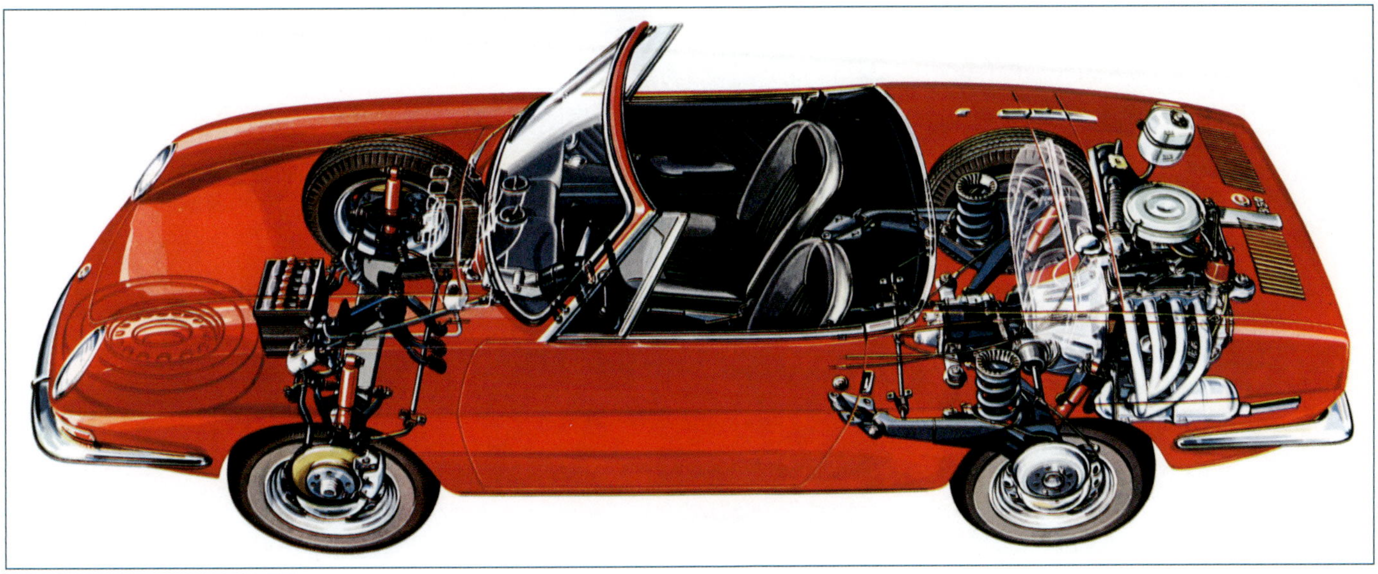

FIAT 124 1966 BIS 1976

Er war eine Neukonstruktion und fiel vor allem durch sein großes Platzangebot auf, der Fiat 124, der 1966 auf dem Genfer Salon vorgestellt wurde. In Deutschland begann die Auslieferung im September 1966, der Preis belief sich auf 6 500 DM. Der kompakte Viertürer wurde von einem neuen Vierzylindermotor angetrieben: 1197 ccm Hubraum, 60 PS, Höchstgeschwindigkeit 147 km/h. Parallel zur Limousine erschien 1966 der fünftürige Familiare, der in Deutschland ab März 1967 ausgeliefert wurde. Beide, Limousine und Kombi, wurden 1972 leicht überarbeitet, erhielten 65 PS und blieben bis 1974 im Programm.

Mit größeren Abmessungen und Doppelscheinwerfern kam 1968 der Fiat 124 Special auf den Markt. Der 1438 ccm Motor mit 70 PS bewirkte 157 km/h Höchstgeschwindigkeit. Der Fiat 124 Special T, der sich 1970 hinzugesellte, kam mit 80 PS auf 169 km/h.

Das von Fiat selbst entworfene 124 Sport Coupé startete 1967 mit 1438 ccm, 90 PS und 170 km/h. Von 1972 bis 1976 gab es eine 1,8 Liter-Version mit 118 PS, die auf 185 km/h kam. Dieses 1000 kg schwere Coupé beschleunigte von 0 auf 100 km/h in 10,5 Sekunden.

Von der Limousine stellte Fiat während der Bauzeit von acht Jahren fast zwei Millionen Exemplare her. Hinzu kamen eine Million Lizenzbauten. Außerdem wurden nach dem Vorbild des 124 in der UdSSR bis 1980 fünf Millionen Lada produziert.

Moderner, geräumiger Mittelklassewagen: Der Fiat 124 kommt 1966 mit einem 60 PS starken 1,2 Liter Vierzylindermotor auf den Markt, Höchstgeschwindigkeit 147 km/h. Der Preis beträgt 6 292 DM für die Limousine, 6 897 für den Kombi und 319 DM für ein Stahlschiebedach

Auf dem Turiner Salon 1970 stellt Fiat den 124 mit neuem Kühlergrill, neuen Stoßstangen, vergrößerten Stoßfängern, Rückfahrscheinwerfern, neuen Heckleuchten und Verbesserungen des Innenraums vor. Er ist jetzt mit automatischem Getriebe erhältlich

Typisch 70er Jahre: Die kantigen Linien der Armaturenanlage des Fiat 124 Special T, neu der elektronische Drehzahlmesser, der jetzt zur Serienausstattung gehört. Das Foto vom Innenleben des Fiat 124 Special zeigt die neue Sitzverkleidung in der Kombination von Stoff und Kunstleder

Vierzylindermotor des Fiat 124 Special T, 1438 ccm Hubraum, 80 PS

Der Fiat 124 Special, gebaut von 1968 bis 1974, 1438 ccm Hubraum, 70 PS, 157 km/h Höchstgeschwindigkeit, ist als preiswerter Mittelklassewagen der Verkaufsschlager im Fiat-Programm

Fiat 124 Sport Coupé, wie es von 1967 bis 1969 gebaut wurde. Mit neuer Front und Doppelscheinwerfern präsentiert sich das Coupé Ende 1969 (rechte Seite).1438 ccm Hubraum, 90 PS, 170 km/h Höchstgeschwindigkeit. 1970 konnte man wahlweise eine 1,6 Liter Version mit 100 PS und Fünfgang-Getriebe bekommen. Das Sport Coupé ist 1968 in Deutschland für 9 999 DM erhältlich, inklusive Umsatzsteuer

Von 1973 bis 1975 wird der Fiat 124 Abarth Rally (oben) gebaut, der mit 1756 ccm Hubraum und 128 PS auf 190 km/h kommt

Der Fiat 124 Sport Spider von Pininfarina ist von 1966 bis 1972 im Programm. Der 1,5 Liter-Motor mit 90 PS ermöglicht 174 km/h Höchstgeschwindigkeit. Bei den fünf Vorwärtsgängen sind der 4. und 5. Gang synchronisiert. Die hinteren Seitenscheiben lassen sich mit dem Stoff zusammen versenken. Das Sportlenkrad, Schalensitze mit stufenlos verstellbaren Rücklehnen und eine Klimaanlage mit zweistufigem Zusatzgebläse sind serienmäßig, der Preis in Deutschland: 10 989 DM

FIAT DINO 1966 BIS 1972

Der Fiat Dino mit seinen kompakten Außenmaßen kam zunächst als Spider auf den Markt. Der Frontmotor stammte von Ferrari und wurde von Fiat den Erfordernissen der Großserienproduktion angepasst. Die übrige Mechanik und das Fahrwerk wurden von Fiat speziell für diesen Spider entwickelt und hatten mit Vorgängermodellen nichts gemeinsam. Dem auf dem Turiner Salon 1966 vorgestellten Spider folgte im Frühling 1967 die Coupé-Ausführung. Den Spider hatte Pininfarina entworfen, das Coupé Bertone.

Das Herzstück des Dino war natürlich das Triebwerk: Sechs Zylinder in V-Form von 65 Grad, Hubraum: 1987 ccm, Bohrung und Hub: 86 x 57 mm, Bohrung/Hub-Verhältnis 1:0,663 – ein „überquadratischer“ Motor, der mühelos höchste Drehzahlen erreichen konnte. Die Leistung: 160 PS, Höchstgeschwindigkeit 210 km/h, später 180 PS (2400 Spider, 1967-1972). Der Motorblock bestand aus Aluminium mit eingesetzten Zylinderbüchsen. Der Zylinderkopf war ebenfalls aus Aluminium, zwei Ventile pro Zylinder. Die aus nitriertem Stahl bestehende Kurbelwelle war vierfach gelagert.

Eine restlose Ölreinigung wurde durch Filter im Hauptstrom erreicht. Die Ventilsteuerung erfolgte mit 2 x 2 obenliegenden Nockenwellen, die direkt auf die Ventile wirkten und mit einer doppelten Kette angetrieben wurden. Das Verdichtungsverhältnis war 9:1, was die Verwendung von handelsüblichem Super-Benzin gestattete.

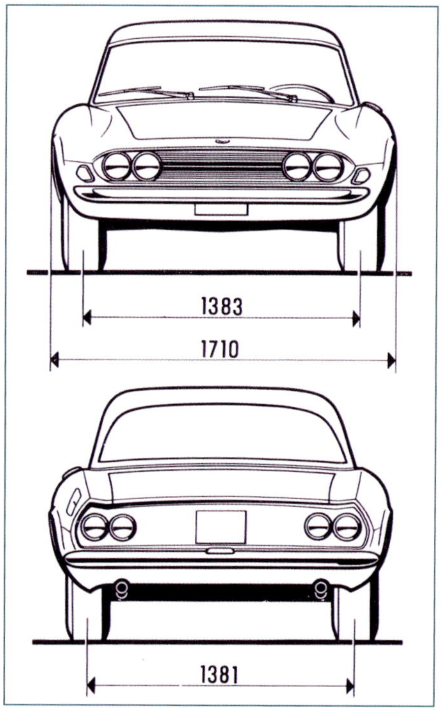

Abmessungen des Fiat Dino Spider

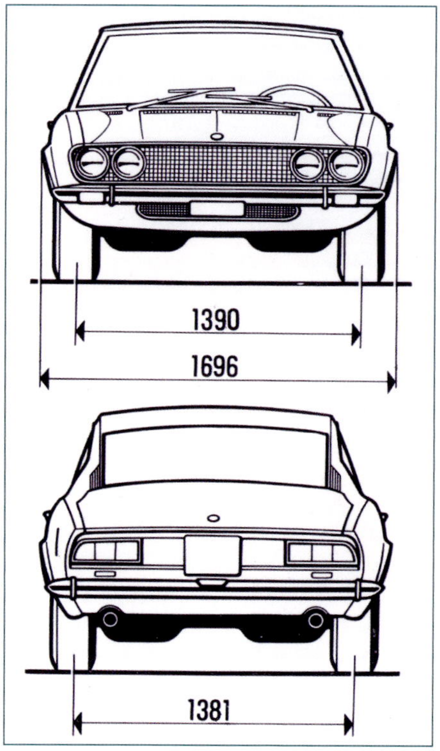

Abmessungen des Fiat Dino Coupés

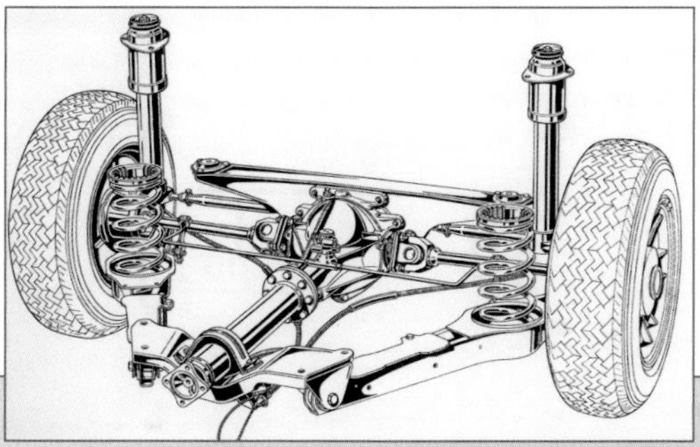

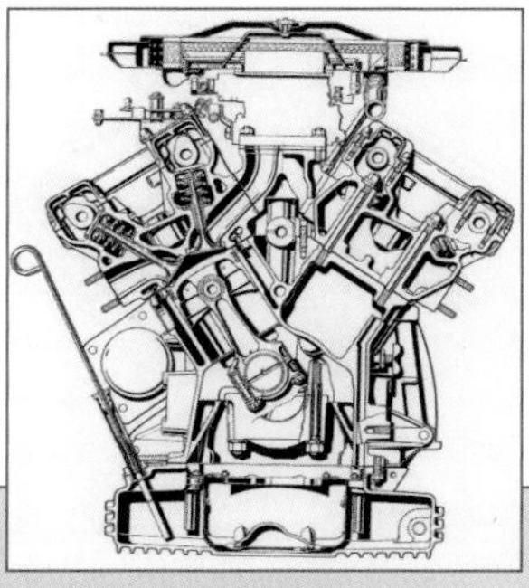

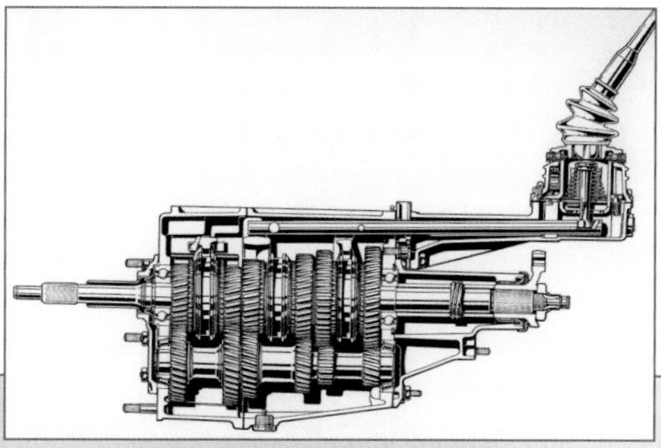

Dino Hinterradaufhängung, Querschnitt des 2,4 Liter Sechszylindermotors, vollsynchronisiertes Fünfganggetriebe, unten Dino Coupé von 1968

Das Fiat Dino Coupé war, wie der Spider, von 1966 bis 1969 mit 2,0 Liter Maschine lieferbar. Von 1969 bis 1972 wurde der Dino mit 2,4 Liter Motor ausgestattet, der 175 PS leistete und den rassigen Sportwagen auf 205 km/h Höchstgeschwindigkeit trieb

Bemerkenswert war die Verwendung von Leichtmetallen wie Aluminium und Magnesium, die für ein niedriges Motorgewicht sorgten. Das Fünfgang-Getriebe war nach dem System Porsche vollsynchronisiert. Der Hinterachsantrieb war mit einer selbsttätig arbeitenden Differentialsperre ausgerüstet, die den Antriebsrädern vor allem auf glatter Fahrbahn einen optimalen Griff verlieh, ohne die Lenkeigenschaften zu beeinflussen.

Zur weiteren Ausstattung gehörten die unabhängige Vorderradaufhängung an den Querlenkern mit unterer Schubstrebe, Torsionsstabilisatoren und doppelt wirkende Teleskop-Stoßdämpfer. Alle Gelenke waren wartungsfrei. Die hintere Starrachse war an zwei Mono-Blattfedern aufgehängt. Dazu kamen zwei nach hinten reichende, parallel wirkende Längsschubstreben. Blattfedern und Schubstreben waren in Gummi gelagert. Dazu gab es noch zwei doppelt wirkende Stoßdämpfer für jedes Rad. Die Vierrad-Scheibenbremsen waren servounterstützt. Abgerundet wurde die sportliche Erscheinung durch breite Elektronguss-Felgen und Radialreifen.

Insgesamt wurden rund 7 650 Dinos gebaut. In Deutschland war der Spider für 23 980 DM zu haben, das Coupé kostete 24 970 DM.

Fiat Dino Coupé in „Metallisé-"Lackierung und mit Lederpolsterung, 2,0 Liter, 160 PS, 200 km/h

Der Fiat Dino Spider (oben und unten), 2,0 Liter, 160 PS, 210 km/h, wurde in den Farben rot, weiß, gelb, grün und blau angeboten

Ein geräumiger 1,6-Liter-Reisewagen kam 1967 auf den Markt. Die Karosserie des 125 war aus den Vorgängern 1300/1500 entwickelt worden. Hervorstechendes Merkmal waren die großen quadratischen Doppelscheinwerfer. Der 90 PS starke Vierzylindermotor wurde dem 124 Sport entliehen, Höchstgeschwindigkeit 163 km/h. Die Hinterachse stammte vom Dino. Für 7 700 DM war der Fiat 125 zu haben, ein Tourenzähler kostete 154 DM extra, Kunstlederbezüge 99 DM und Weißwandreifen 88 DM.

Der 125 Special erschien 1968 mit einigen optischen Verbesserungen, aber auch sein Innenleben hatte Neues zu bieten. Mit 100 PS, bei gleicher Hubraumgröße, erreichte der Special 172 km/h. Er war mit einem Fünfgang-Getriebe ausgestattet und auf Wunsch gab es Automatik.

Fiat 125, 1597 ccm, 90 PS, 163 km/h Höchstgeschwindigkeit. Unten Fiat 124 (links) und 125

Während der Fiat 125 (ganz oben) noch mit wuchtigen Stoßstangenhörnern ausgestattet ist, präsentiert sich der Fiat 125 Special (oben) ohne diese Hörner und mit einer gummibezogenen Stoßstange. Außerdem ist der Kühlergrill zweigeteilt. Als 125 P (rechts) wurde der Fiat 125 Special auch bei Polski-Fiat mit dem 60 PS Motor des Fiat 1300 gebaut

FIAT 128 1969 BIS 1980

Mit dem Fiat 128 ging 1969 ein neuer Millionenseller an den Start. In der Fachpresse wurde er als „Auto des Jahres“ gefeiert. Mehr als zehn Jahre lang wurde er als Limousine, Kombi und Coupé produziert, ein echtes Mittelklasseauto mit einer ganzen Palette von Motor- und Fahrzeugleistungen. Es war der erste Fiat mit Frontantrieb und er besaß ein neues Fahrwerk mit unabhängiger Radaufhängung vorn wie hinten. Sein auffallendstes Merkmal: Die in den rechteckigen Kühlergrill integrierten Scheinwerfer.

Der Urtyp, von 1969 bis 1972 gebaut, hatte einen Vierzylindermotor mit 1116 ccm Hubraum, 55 PS, und war bis zu 143 km/h schnell. Der 128 Special kam mit 60 PS auf 145 km/h. Die Rallye-Version, von 1971 bis 1975 lieferbar, erreichte mit 1290 ccm Hubraum und 67 PS 150 km/h Höchstgeschwindigkeit. Die Sport Coupés, die zunächst von 1972 bis 1975 angeboten wurden (von 1975 bis 1979 noch einmal als Berlinetta), waren als 1100er mit 64 PS und als 1300er mit 75 PS zu haben. Höchstgeschwindigkeit: 149 beziehungsweise 160 km/h.

1976 änderte Fiat die Bezeichnungen. Aus der Normalversion wurde der 128 C und der 128 Special hieß jetzt 128 CL. Außerdem wurde der Kühlergrill verändert, es gab neue rechteckige Scheinwerfer, neue Heckleuchten, weniger Chrom und eine modernere Innenausstattung. Der Kombi, der bisher unter der Bezeichnung „Familiare“ lief, heißt jetzt „Panorama“.

Erster Fiat mit Frontantrieb: Der Erfolgswagen Fiat 125, der zwei- und viertürig lieferbar war

Der Fiat 128 erhielt sieben internationale Preise und Trophäen von Fachjournalisten aus sieben Ländern. Unten der dreitürige Kombi „Familiare"

Von 1971 bis 1975 war der Fiat 128 Rally in Deutschland erhältlich. Der Vierzylindermotor mit 1290 ccm leistete 67 PS, Höchstgeschwindigkeit 150 km/h. Er war mit neuen Stoßstangen, vier Jodscheinwefern, vier Heckleuchten in zwei Gruppen und hinteren Ausstellfenstern ausgestattet. An den Seiten unter den Türen war ein durchlaufendes schwarzes Band mit dem Schriftzug „Fiat" angebracht. Fünf Farben standen für den 128 Rally zur Auswahl: gelb, rot, arktikweiß, arktikgrau und orange. Bevorzugte Farbe der deutschen Käufer: orange. Die Innenausstattung war ganz in schwarz gehalten. Die Vordersitze hatten verstellbare Lehnen und Kopfstützen und für den Beifahrer gab es eine Fußstütze. Die Mittelkonsole hatte eine Vertiefung für einen Feuerlöscher

Vier Sportcoupés von Fiat sind für den Fotografen aufgefahren: 128 S 1100, 128 SL 1100, 128 S 1300 und 128 SL 1300. Die Ganzstahlkarosserie ist selbsttragend. Die neu entworfene Bodengruppe ist von 2448 mm auf 2223 mm Radstand verkürzt. Die 1100er kommen mit 64 PS auf 150 km/h Höchstgeschwindigkeit, die 1300er mit 75 PS auf 160 km/h. Unten begegnen sich der Kombi 128 Panorama und das 128 Sport Coupé

FIAT 130 1969 BIS 1976

Ein neues Dreiliter Spitzenmodell mit sechs Zylindern präsentierte Fiat Mitte 1968, in Deutschland war es ab 1969 erhältlich. Und in der Tat gelang Fiat mit dem 130 ein vornehmer Reisewagen mit repräsentativem Flair. Viele Regierungschefs und hochrangige Industrielle wurden mit dem zuverlässigen Wagen befördert. Prägnanteste Merkmale des Fiat 130 waren die komfortable Innenausstattung sowie das weich abgestimmte Fahrwerk, was den 130 zu einem bequemen Langstreckenfahrzeug machte.

Der Sechszylindermotor hatte anfangs 140 PS. Wahlweise waren ein Fünfgang- oder ein Automatikgetriebe erhältlich. Bei dem Gewicht von mehr als 1530 Kilogramm erreichte die Limousine 182 km/h Höchstgeschwindigkeit. Von 0 auf 100 km/h kam sie in 13 Sekunden.

Im Jahr 1971 wurde der Hubraum auf 3235 ccm und die Motorleistung auf 165 PS angehoben, die Höchstgeschwindigkeit betrug jetzt 190 km/h. 1971 erschien das Coupé mit derselben Motorleistung, es war aber in der Spitze 5 km/h schneller. Während die Limousine im Mailänder Centro Stile entworfen worden war, zeichnete für das Coupé Pininfarina verantwortlich. Es war mit 4842 mm noch länger als die Limousine (4750 mm) und wirkte wegen der geringeren Höhe extrem lang gestreckt und mit seiner klaren Linienführung enorm elegant. Innen bestach das Coupé mit Edelholzverkleidung und Samtveloursbezügen.

Der Fiat 130 ist serienmäßig mit vollautomatischem Getriebe ausgestattet, auf Wunsch ist ein mechanisches Fünfganggetriebe lieferbar. Alle vier Räder sind mit Einzelradaufhängung versehen und mit belüfteten Scheibenbremsen, Bremskraftregler auf der Hinterachse

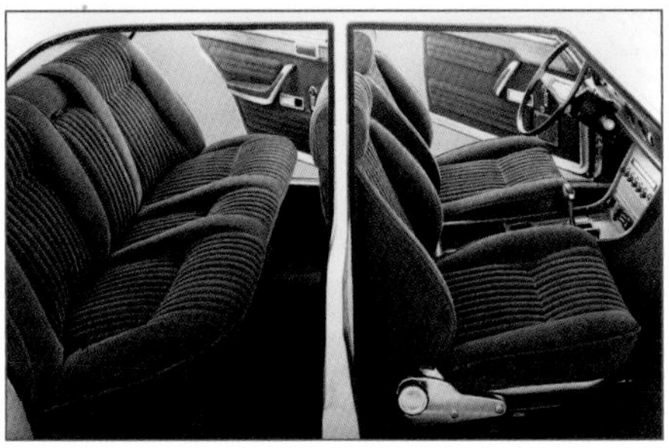

Der Innenraum ist den Erkenntnissen der passiven Sicherheit angepasst: Vollständige Polsterung, versenkt angeordnete Bedienungselemente, keine vorstehenden Teile, Sicherheitslenkrad. Die Armaturenanlage enthält unter anderem den Tourenzähler, die elektrische Uhr und Warnsignale für zum Beispiel angezogene Handbremse oder Schäden an der Bremsanlage. Der Sechszylinder V-Motor mit 2866 ccm Hubraum leistet 140 PS

Die 180 km/h schnelle Prestige-Limousine von Fiat präsentiert sich niedrig und breit mit hellem Innenraum. Vier Scheinwerfer, Stand- und Blinkleuchten in den Stoßstangen, zwei Rückfahrscheinwerfer, Richtungsanzeiger und Bremsleuchten charakterisieren die Front- und Heckpartie

Erstmals zu sehen war das von Pininfarina gezeichnete Fiat 130 Coupé 3200 im Frühjahr 1971 auf dem Genfer Autosalon. Der zweitürige Fünfsitzer ist mit großflächiger blaugetönter Windschutzscheibe und heizbarer Heckscheibe ausgestattet. Die Stoßstangen, in die die Blinker und Positionsleuchten eingelassen sind, tragen Hörner aus Kunststoff. Die Felgen sind aus einer neuen Leichtmetalllegierung. Die Rücklehnen der Vordersitze können verstellt und nach vorn geklappt werden, um den Einstieg auf die hinteren Sitze zu erleichtern. Mittels Hebel unter den Armaturen kann der Fahrer die Beifahrertür öffnen. Auf Wunsch ist das Coupé mit Klimaanlage lieferbar

FIAT 127 1971 BIS 1983

Der 127 gehört zu den großen Erfolgen von Fiat. Innerhalb von zehn Jahren wurden mehr als fünf Millionen Exemplare dieses 3,60 m langen Kompaktwagens hergestellt.

In der Bundesrepublik ist der 127 ab Herbst 1971 zunächst als Zweitürer erhältlich. Der wassergekühlte Vierzylindermotor mit 903 ccm Hubraum und 45 PS ist vorne quer eingebaut. Er stammt aus den Sportmodellen der 850er Baureihe, wurde aber technisch überarbeitet. Das Vierganggetriebe des 140 km/h schnellen Fronttrieblers ist vollsynchronisiert. Alle vier Räder sind einzeln an Querlenkern aufgehängt. Die Scheibenbremsen vorn und die Trommelbremsen hinten wirken unabhängig voneinander über zwei Bremskreise. Wahlweise ist ein Stahlschiebedach lieferbar. Ab März 1972 wird der 127 auch mit Heckklappe angeboten. 1974 gibt es zusätzlich eine komfortablere Special- und eine nur 40 PS starke Sparversion.

Mit neu gestalteter Frontpartie erscheint 1977 die zweite Generation. Der Hubraum hat jetzt 1049 ccm, die Leistung beträgt 50 PS, die Höchstgeschwindigkeit 142 km/h. 1978 kommt der 127 Sport mit 70 PS.

Überarbeitet präsentiert sich die dritte Generation 1981 mit den Versionen Special (903 ccm, 45 PS), Super (1049 ccm, 50 PS) und Sport (1301 ccm, 75 PS). Auch mit Dieselmotor und als Kombi wird der 127 geliefert. Viele Handwerker fahren den 127 mit Kastenaufbau, den Fiorino.

Auto des Jahres: Fiat 127, ein dreitüriger kompakter Kleinwagen mit Frontantrieb

Kastenaufbau: Fiat 127 Fiorino von 1977

Armaturen: Schlicht aber übersichtlich

Geländetauglich: Fiat 127 Rustica

Fiat 127 Panorama von 1980

127 Sport, 70 PS, 162 km/h, (1977 bis 1978)

Der Vierzylinderreihenmotor des Fiat 127 ist vorne quer eingebaut

Auf London-Tour 1973: Fiat 127 (links) und Fiat 126 (rechts)

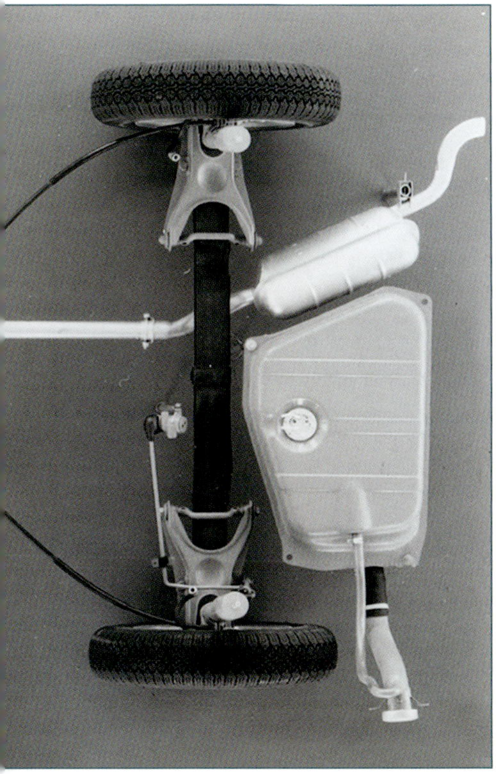

Fiat 127 Super mit 45 PS, 135 km/h Höchstgeschwindigkeit, gebaut von 1981 bis 1983

Fiat 127 Sport mit 75 PS, 165 km/h Höchstgeschwindigkeit, gebaut 1981 bis 1983

FIAT 132 1972 BIS 1981

Mit seinen auffallenden Doppelscheinwerfern ähnelte der 132 doch sehr seinem Vorgänger, dem 125, den er 1972 ablöste. Triebwerke und Motor blieben gleich – von einigen kleinen Änderungen abgesehen. Das Fahrwerk und die Karosserie wurden erneuert. Der Vierzylinder-Wagen war mit 1,6 Liter Maschine (98 PS, 165 km/h) und mit 1,8 Liter (107 PS, 170 km/h) lieferbar.

1974 wird die Karosserie nachgebessert, es gibt größere Fenster und neue Bezeichnungen: Der 1,6 Liter Typ ist jetzt als 132 GL 1600 lieferbar und als 132 GLS 1600 mit geringfügig verändertem Kühlergrill, die 1,8 Liter Version nennt sich 132 GLS 1800.

Der viertürigere Mittelklassewagen Fiat 132 wird ab Oktober 1972 in Deutschland ausgeliefert. Hier präsentiert er sich allerdings auf der Westminster Bridge in London

Der Fiat 132 GLS, hier als 1800er, ist auch mit 1,6 Liter Maschine lieferbar

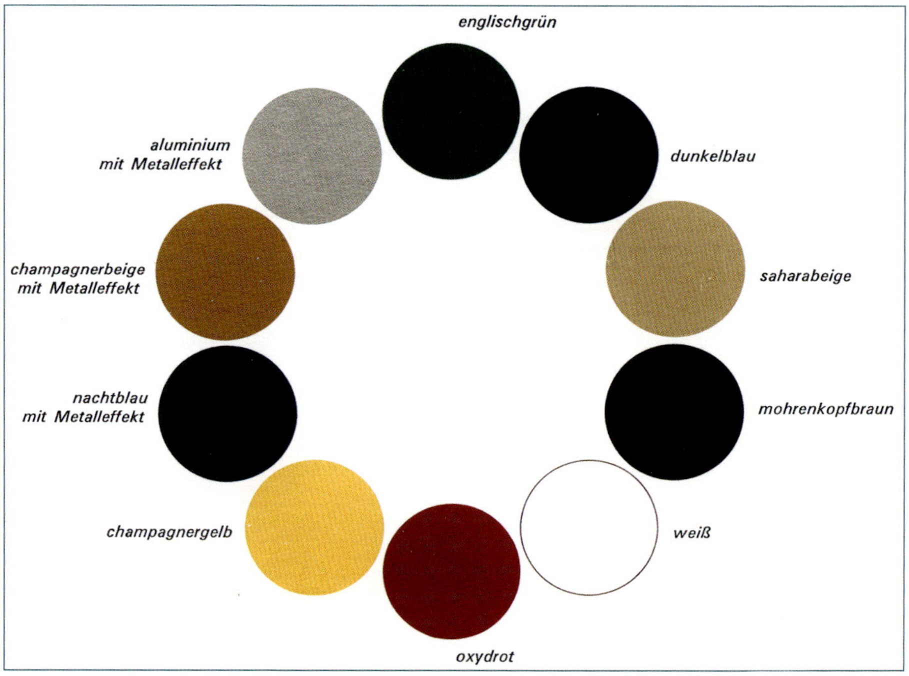

Die Karosseriefarben für die Typen Fiat 132 GL und GLS. Neu im Programm sind 1974 die Farben weiß, oxydrot und champagnergelb

Nach Einstellung des Fiat-Topmodells 130 übernahm 1977 der 132 diese Rolle und präsentierte sich mit einem 2,0 Liter Motor. 1978 folgten Diesel-Versionen mit 2,0 und 2,5 Liter Maschinen. Als letzter Fiat 132 kam 1979 der 122 PS starke 2000 i.e. mit elektronischer Benzineinspritzung auf den Markt. 1981 wurde die Baureihe 132 vom Fiat Argenta abgelöst.

Die Typen Fiat 132 GL und GLS kommen 1974 auf den Markt. Das Fotos oben und in der Mitte zeigen den 132 GLS, seine Armaturenanlage und das Interieur. Unten sind der 132 GLS (hinten) und der 132 GL abgebildet

FIAT 126 1972 BIS 1990

Auf dem Turiner Salon im November 1972 wird der Fiat 126 vorgestellt, der den legendären Fiat 500 Nuovo ersetzen soll. Angetrieben wird der Winzling von dessen robustem, luftgekühltem Zweizylinder-Heckmotor mit 594 ccm Hubraum, der 23 PS leistet. Das reicht für 112 km/h Höchstgeschwindigkeit. Der Kleinwagen ist mit einem Vierganggetriebe ausgestattet, wiegt leer 592 Kilogramm und verbraucht 5,4 Liter Benzin. Bis 1977 baut Fiat den 126 in dieser Form. Dann wird er vom 126/650, Personal 4 und 126 Bambino mit ihren jeweils leicht verbesserten Ausführungen abgelöst.

Fiat 126: Kleinwagen mit Einzelradaufhängung, 23 PS Heckmotor und Heckantrieb

Fiat 126: Platz auch für lange Beine. Die Abbildungen unten wurden Fiathändlern als Dias zur Kino- und Anzeigenwerbung angeboten

Fiat 126 der achtziger Jahre: 698 ccm, 26 PS, 116 km/h. Auffälliges Unterscheidungsmerkmal sind die schwarz lackierten Stoßstangen

FIAT X1/9 1972 BIS 1988

Keilförmige Karosserie, versenkbare Scheinwerfer, ein abnehmbares Targa-Dach, Mittelmotor – das ist der Fiat X1/9. Für den Antrieb sorgt der 75 PS starke 1,3 Liter Vierzylindermotor des Fiat 128, der den Sportwagen auf 170 km/h bringt. Gute Fahreigenschaften erreicht der X1/9 vor allem durch sein Fahrgestell, das vorne wie hinten mit Federbeinen ausgestattet ist. Der niedrige Schwerpunkt wirkt außerdem stabilisierend. Die Karosserie zeichnete Bertone, ab 1982 wird der X1/9 auch bei Bertone gebaut.

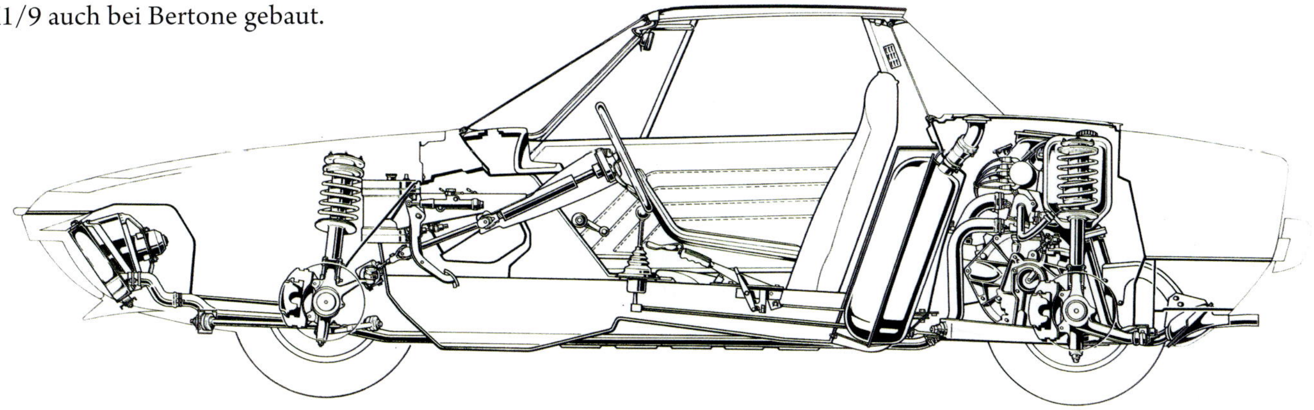

1978 wird der Zweisitzer mit dem 1,5 Liter Motor des Ritmo und mit einem Fünfganggetriebe ausgestattet. Mit seinen 85 PS ist der X1/9 jetzt 178 km/h schnell und beschleunigt von 0 auf 100 km/h in 12,7 Sekunden. 1985 kommt eine 77 PS leistende Katalysatorversion auf den Markt.

Das abnehmbare Dach kann im Kofferraum verstaut werden. Über die Fahrgastzelle spannt sich ein stabiler Überrollbügel mit fest eingebauter Heckscheibe. 80 Prozent der Gesamtproduktion des X1/9 werden in die USA ausgeführt.

Ein reiner Zweisitzer: Mittelklasse-Sportwagen Fiat X1/9

Keine Frage, der Fiat X1/9 ist ein gelungener Sportwagen für die siebziger und achtziger Jahre. Mit den Fotos dieser Seite wurde der X1/9 im Jahr 1972 vorgestellt. Der nur 880 kg wiegende Zweisitzer mit 1290 ccm Hubraum und 75 PS erreicht 170 km/h

Die Armaturenanlage des Fiat X1/9 zeigt den kantigen Stil der siebziger Jahre. Rund 165 000 Exemplare wurden in der relativ langen Bauzeit von 1972 bis 1988 produziert. Die geradlinige Keilform von Bertone mit dem Targa-Dach und den versenkbaren Scheinwerfern kam besonders in den USA gut an

FIAT 131 1974 BIS 1984

Der 131 ist wieder ein Beispiel dafür, was die Turiner alles aus einem Modell hervorzaubern und wie sie Karosserie und Motor variieren können – ohne dass der ursprüngliche Charakter des Typs darunter leidet. Zwei- oder viertürig war er zu haben, mit oder ohne Doppelscheinwerfer, Diesel, Kombi, Automatikgetriebe. Der Fiat 131 war ein Vierzylinder-Familienwagen der Mittelklasse.

In der Bundesrepublik startete der Fiat 131 als 1300er Mirafiori mit 55 PS (143 km/h) und als 1600er Mirafiori mit 75 PS (160 km/h). 1978 erschien der 96 PS starke 1,6 Liter 131 Supermirafiori mit Luxusausstattung und Breitbandleuchten. Der erreichte 162 km/h und beschleunigte von 0 auf 100 in 11,5 Sekunden. Noch schneller war der 131 Sport, der ebenfalls 1978 auf den Mark kam. Die 2,0 Liter Maschine leistete 115 PS und brachte den Flitzer auf 178 km/h Spitze. Bei Rallye-Weltmeisterschaften 1977 bis 1980 kam der 985 Kilogramm wiegende 131 Abarth zum Einsatz, der mit 215 PS in der Straßenversion 190 km/h erreichte.

Solide und robust: So präsentiert sich der Fiat 131 bei seiner Vorstellung 1974 in Turin

Fiat 131 Sport (1978-1982), Vierzylinder, 2,0 Liter Maschine, 115 PS, 178 km/h Spitze

Fiat 131 Supermirafiori (1978) als Einsatzleitwagen bei der Feuerwehr

Fiat 131 Abarth Rallye, 215 PS, 190 km/h (Straßenversion)

Inserat in der Illustrierten „Quick“ im Jahr 1978

Fiat 131 Mirafiori Diesel 2000 von 1978

Zweitüriger Fiat 131 Sport (1978-1982)

Über Fiat-Modellreihen wird nicht autoritär auf Vorstandsebene entschieden, sondern demokratisch auf breiter Basis. Mehr als drei Millionen Mal Ja zum Fiat 850 sind ein deutliches Ja zu dieser Wagenklasse. Also bleibt sie im Programm! Ganz abgesehen von der allgemeinen Entwicklung, die mehr denn je Autos im Format des Fiat 133 verlangt." So lautet ein Prospekt-Text von 1974.

Gesagt, getan! Mit dem bewährten Motor des Fiat 850 und als Konstruktion der spanischen Seat präsentiert sich der 133 mit mehr Platz, geräumigerem Kofferraum und vergrößerten Fensterflächen. Und das, obwohl der 133 im Vergleich zu seinem Vorgänger 13 cm kürzer ist. Der 133 ist mit 34 PS und einer Höchstgeschwindigkeit von 122 km/h erhältlich oder als 133 Special mit 44 PS und 135 km/h Spitze.

Nachfolger des legendären Fiat 850: Kleinwagen Fiat 133 mit 843 ccm Hubraum

Ritmo, ein Kompaktwagen mit Frontantrieb und Vierzylinder-Quermotor, langem Radstand und Schrägheck: Das zusammen machte sein überdurchschnittliches Platzangebot aus. Mit diesem Karosseriestyling beschritt Fiat 1978 mutig neue Wege.

Die Ausführungen mit drei oder fünf Türen wurden zunächst mit drei Motorvarianten angeboten: Der Ritmo 60 mit 1,1 Liter Maschine und 60 PS, der Ritmo 65 mit 1,3 Liter und 65 PS und der Ritmo 75 mit 1,5 Liter und 75 PS. 1981 kamen ein Diesel mit 1,7 Liter und 55 PS und der Ritmo 105 TC mit 1,6 Liter und 105 PS hinzu. 125 PS leistete der 2,0 Liter Fiat Abarth 125 TC, der von 1981 bis 1983 gebaut wurde und eine Höchstgeschwindigkeit von 190 km/h erreichte. Der Ritmo Turbo DS, der 1986 erschien, wurde von einem 80 PS starken 2,0 Liter Motor angetrieben, Spitze 170 km/h.

1981 kam das 85 PS starke Ritmo Cabrio mit 1,5 Liter Motor hinzu. 1985 erhielt der offene Viersitzer eine 1,6 Liter Maschine mit 105 PS.

Viertüriger Fiat Ritmo mit Schrägheck, Heckklappe und eigenwilligen Kunststoff-Stoßfängern

Fiat Ritmo 60 Super von 1984

Fiat Ritmo Sound mit 75 PS von 1978

Ganz in weiß: Modifiziertes Bertone Cabrio

Mit Frontantrieb und Quermotor in die 80er Jahre: Fiat Ritmo Cabrio mit Überrollbügel

FIAT PANDA 1980 BIS 1996

Mit dem Werbespruch „Die tolle Kiste“ wurde der Panda auf dem deutschen Markt angeboten. Vor allem sein Temperament, das sichere Fahrwerk und das relativ große Platzangebot zeichneten den sparsamen Kleinwagen aus. Der Panda war ausschließlich als Zweitürer mit Heckklappe lieferbar. Auf Wunsch gab es ein zweiteilig zu öffnendes Sonnendach. Über vier Millionen Exemplare wurden zwischen 1980 und 2003 abgesetzt.

1980 erscheint der Panda mit zwei Motorvarianten: Als Panda 30 mit luftgekühltem Zweizylinder mit 652 ccm Hubraum und 30 PS und als Panda 45 mit wassergekühltem Vierzylinder mit 903 ccm und 45 PS. 1981 kommt eine dritte Variante: Der Panda 34 mit wassergekühltem Vierzylinder mit 843 ccm und 34 PS. Ab 1986 wurde der Panda mit schadstoffarmen Fire-Motoren ausgerüstet.

Auch allradgetrieben war der Panda zu haben: Der kleine Klettermaxe entstand in enger Zusammenarbeit von Fiat mit der auf diesem Gebiet erfahrenen Steyr-Daimler-Puch. Die stärkste Variante mit 50 PS und fünf Gängen fuhr bis zu 140 km/h schnell.

Von 1992 bis 1996 gab es einen Panda mit Elektromotor, der sich wegen der schweren Batterien und seiner auf 70 km beschränkten Reichweite kaum verkaufen ließ.

Wegen verschärfter Abgasnormen und neuer Sicherheitsstandards zog Fiat den Panda 1996 aus dem Verkehr, nur in Italien war er bis 2003 lieferbar.

Der kompakte, preiswerte, vielseitige Fiat Panda startet 1980 seine außergewöhnliche Karriere

Fiat Panda 30 mit 30 PS (links), Panda 1000 CL mit 45 PS (rechts), Panda 4x4 mit 48 PS (unten)

1983 gab Fiat eine 60-seitige Werbebroschüre im Postkartenformat heraus, aus der einige Seiten wiedergegeben sind

„Was ist denn das für eine Kiste?“

Wen jetzt nach einem innen wie außen eleganten, sparsamen und leisen Auto gelüstet, dem sei ein Besuch beim Fiat Händler wärmstens empfohlen.

Elfi hatte oft von ihm geträumt: ein kantiger Typ, nicht groß, aber kräftig. Dazu bescheiden und praktisch veranlagt. Eines Tages stand er vor der Tür.

Gut angezogen ist er auch, Elfi, von Giorgio Giugiaro.

Als in Brüssel der Liter Milch nur um 1,2 Pfennige, der Liter Benzin an der Achterdieker Tankstelle aber 4 Pfennige teurer wurde, beschloß er, sich nicht länger melken zu lassen.

„Unter den alternativen Autos das kleinste und billigste, aber auch das sportlichste,“ sagt der Stern.

„Was sagt Ihr Sohn denn jetzt zu Ihnen, wo Sie den großen Wagen verkauft haben?“
„Er sagt weiter Papa zu mir.“

„Wie wäre es mit einer Taschengelderhöhung für den Sohnematz?“

Während seines Urlaubs hieß es im Radio, er sei einstimmig für den Vorsitz der Energiesparkommission vorgeschlagen.

Es werden noch Kommissionsmitglieder gesucht.

„Komisch ist nur“, sagte der Mann von der Tankstelle, „daß er öfter zum Waschen als zum Tanken hier ist“.

Den Panda gibt's zu einem Preis, der sich gewaschen hat.

„Liebe Susi, bin in Duisburg. Habe ein kleines Mitbringsel für Dich. Bis Mittwoch. Dein Hein.“

Keine Ebbe in der Haushaltskasse, Susi.

Seitdem er nur noch für 700 Kilo Auto arbeitete, nahm er das Leben entschieden leichter.

Richtig ist, daß der Panda von Leichtlohngruppen und leitenden Angestellten gefahren wird. Unrichtig ist, daß es sich dabei ausschließlich um schräge Vögel handelt.

FIAT ARGENTA 1981 BIS 1985

Beim Argenta handelte es sich im Wesentlichen um einen überarbeiteten Fiat 132. Das Styling der viertürigen Limousine der oberen Mittelklasse zeichnete sich äußerlich durch die neue Front- und Heckpartie aus. Elektrische Fensterheber gehörten jetzt ebenso zur Ausstattung wie die Zentralverriegelung. Der Clou der Armaturenanlage war die zentrale Überwachungseinheit, das Check-Panel, über dessen Leuchten der Fahrer auf Missstände aufmerksam gemacht wurde. Serienmäßig war das Fünfgang-Getriebe, auf Wunsch gab es Dreigang-Automatik. Zwei Jahre nach seiner Präsentation trug auch der Argenta den neuen Fiat-Kühlergrill mit den fünf Streifen, die Karosserie wurde nochmals gestreckt und eine breitere Radspur sorgte für verbessertes Fahrverhalten in Kurven.

1981 erschienen vier Ausführungen: Der Argenta 1600 mit 98 PS, der Argenta 2000 mit 113 PS, der 2000 ie mit Einspritzmotor und 122 PS sowie ein Diesel mit 2445 ccm Hubraum und 72 PS. 1983 kam ein Turbo-Diesel mit 90 PS auf den Markt. Das Spitzenmodell erschien 1984: Der Argenta VX (in Italien SX). Er verfügte über einen 1995 ccm Motor mit 135 PS, der eine Höchstgeschwindigkeit von 185 km/h ermöglichte.

Argenta Diesel 2500, 2429 ccm, 72 PS, 144 km/h Höchstgeschwindigkeit

Argenta 120 i.e. mit Vierzylinder-Einspritzmotor, 1995 ccm Hubraum, 122 PS, 175 km/h Spitze

Bei der Entwicklung des Uno kam Fiat die jahrzehntelange Erfahrung im Bau von Mittelklassewagen zugute. Die Karosserie des Uno bestand aus nur 172 Teilen. Dessen Vorgänger, der Fiat 127, hatte 267 Teile. Der drei- beziehungsweise fünftürige Uno kam in Italien 1983 auf den Markt. Ein Jahr später avancierte der Uno auf dem bundesdeutschen Markt zum Importwagen Nummer eins. Und wieder ein Jahr später wurde der Uno in sieben verschiedenen Versionen angeboten.

Die zweite Generation des Uno, ab 1985, kam in den Genuß eines völlig neuen Motors, des Fire, was „Fully Integrated Robotized Engine" bedeutet. Dieses Triebwerk mit vier Zylindern, 903 ccm Hubraum und fünf Kurbelwellenlagern wog 30 Prozent weniger als der Vorgänger.

Angeboten wurde von der kompakten Steilheck-Limousine auch eine sportliche Version: Der Uno Turbo i.e. mit 105 PS und Fünfgang-Getriebe schaffte 200 km/h Höchstgeschwindigkeit und konnte von 0 auf 100 km/h in 8,3 Sekunden beschleunigen. Der Kraftstoffverbrauch variierte von 5,8 bis 8,9 Liter.

Der neue Uno von 1987 wurde zum „Auto des Jahres 1987" gekürt. Der Volkswagen aus Italien mit seinen inzwischen über zehn Varianten war in der Tat ein Auto, das die Welt eroberte: Vom Uno 45, der Basisversion, bis zum Uno Turbo, der mit seiner Motorleistung einem Mittelklassewagen ohne weiteres Paroli bieten konnte. Der Uno lag sicher auf den Straßen, besonders im Winter wegen des Frontantriebs und wegen des kurzen Radstands.

Unter anderen wurden 1987 folgende Versionen des Uno angeboten:

- Uno 1.0 mit 999 ccm Hubraum, 44 PS, Viergang, 143 km/h Spitze
- Uno 1.0 i.e. mit 999 ccm Hubraum, 45 PS, Fünfgang, 146 km/h Spitze
- Uno 1,1 i.e./i.e.S. mit 1108 ccm Hubraum, 50 PS, 150 km/h Spitze
- Uno 1,4 i.e.S. mit 1372 ccm Hubraum, 70 PS, 165 km/h Spitze
- Uno 1,5 i.e.S. mit 1499 ccm Hubraum, 75 PS, 172 km/h Spitze
- Uno Selecta mit 1499 ccm Hubraum, 75 PS, 163 km/h Spitze
- Uno 1.5 T i.e. SX mit 1499 ccm Hubraum, 75 PS, 171 km/h Spitze, Fünfgang, besonders hochwertige Innenausstattung
- Uno Turbo i.e. Racing mit 1372 ccm Hubraum, 112 PS, Bosch LU-2 MPI, Kennfeldzündung, 200 km/h Spitze

Der Volkswagen aus Italien startet 1983 zu einer Weltkarriere

Das Programm.

DIE QUAL DER WAHL.

1986

Uno 45 FIRE und Uno 45 FIRE Super. 986 ccm, 32 kW/44 DIN-PS, 145 km/h Spitze. 4,8/6,2/6,7 bzw. 4,4/5,7/6,7 (45 S) l Normal (bleifrei) bei 90/120 km/h/Stadtverkehr (Vergleichswerte nach DIN 70030-1). DM 11.990 (FIRE 3-türig) DM 12.990,(FIRE Super 3-türig mit mehr Ausstattung). Unverbindliche Preisempfehlungen zzgl. Überführungskosten.

Uno 60 Super. 1108 ccm, 43 kW/58 DIN-PS, 155 km/h Spitze, 4,8/6,1/7,5 l Super (verbleit) bei 90/120 km/h/Stadtverkehr (Vergleichswerte nach DIN 70030-1). S-Ausstattungspaket. DM 14.400 unverbindliche Preisempfehlung zzgl. Überführungskosten.

Uno 70 SL. 1280 ccm, 48 kW/66 DIN-PS, 165 km/h Spitze, 4,9/6,4/7,7 l Super (verbleit) bei 90/120 km/h/Stadtverkehr (Vergleichswerte nach DIN 70030-1). Luxus-Ausstattungspaket. DM 15.500 unverbindliche Preisempfehlung zzgl. Überführungskosten.

Uno Diesel, Uno Diesel Super. 1288 ccm, 33 kW/45 DIN-PS, 140 km/h Spitze, 4,7/6,5/6,3 l Diesel bei 90/120 km/h/Stadtverkehr (Vergleichswerte nach DIN 70030-1).
DM 14.300 (Diesel 3-türig), DM 16.100 (Diesel Super 5-türig mit mehr Ausstattung). Unverbindliche Preisempfehlungen zzgl. Überführungskosten.

Uno Turbo i.e. 1283 ccm, 77 kW/105 DIN-PS, 200 km/h Spitze, 5,8/7,6/8,9 l Super (verbleit) bei 90/120 km/h/Stadtverkehr (Vergleichswerte nach DIN 70030-1). Sport-Ausstattung. DM 19.250 (mit Sportdekor 19.350,–) unverbindliche Preisempfehlung zzgl. Überführungskosten.

Der Fire-Motor des Uno 45 Super wiegt 9 kg, hat nur 95 Einzelteile, 986 ccm, 44 PS, 145 km/h Spitze

Fiat Uno SX mit 1,5 Liter Motor, 75 PS, 171 km/h Höchstgeschwindigkeit, Fünfgang-Getriebe und hochwertiger Ausstattung (ganz oben). Der Uno ist ab 1986 in den drei Ausstattungsvarianten Basis, S und SL (links) lieferbar. Die Bezugsstoffe hat der bekannte Designer Missoni entworfen, jeweils zwei für jede Ausstattungsvariante. In der Luxusklasse SL sind die Zentralverriegelung, elektrische Fensterheber, getönte Scheiben und Halogenscheinwerfer inklusive. Der Fiat Uno von 1987 wurde zum „Auto des Jahres 1987" gekürt

Der Regata wurde während der IAA 1983 in Frankfurt vorgestellt. Damit endete die Ära des Vorgängermodells Fiat 131. Fahrwerk und Motoren des Regata stammten zu großen Teilen vom Ritmo. Die Stufenhecklimousine mit vorne quer eingebautem Vierzylindermotor und Frontantrieb erscheint zunächst in folgenden Versionen:

1,3 Liter mit 65 PS, 1,5 Liter mit 75 PS, 1,6 Liter mit 85 PS oder 100 PS und ein Diesel mit 1,7 Liter und 58 PS.

Fiat Regata mit Vierzylinder 1,3 Liter-Motor, 65 PS, 155 km/h Spitze

Fiat Regata Diesel mit 58 PS starker 1,7 Liter Maschine. Unten der Regata Weekend mit horizontal geteilter Hecktür

1984 gesellte sich der Kombi zu den Limousinen, der sich „Weekend“ nannte. 1985 wurden beim Regata die Katalysatormotoren eingeführt und 1987 kam ein Turbodiesel mit 1,9 Liter auf den Markt. Zusätzlich erschienen bis zur Einstellung der Baureihe im Jahr 1989 etliche Sondermodelle.

FIAT CROMA 1985 BIS 1996

Im Dezember 1984 kam der Fiat Croma auf den Markt und wurde ein halbes Jahr später in Deutschland ausgeliefert. Er war das Ergebnis von sechs Jahren Planungsarbeit – ein Wagen der gehobenen Mittelklasse mit arodynamisch konstruierter Karosserie, Stufenheck und Heckladetür. Durch den Frontantrieb bot der Croma einen großen Innenraum.

Zunächst kamen fünf Vierzylinder-Motorvarianten mit Fünfganggetriebe auf den Markt: Hubraum von 1585 ccm bis 2499 ccm, 75 PS (Diesel) bis 90 PS, Höchstgeschwindigkeit von 165 km/h bis 182 km/h.

1988 wurde die Croma-Baureihe mit neuem Emblem, verbesserter Innenausstattung und weiteren Motor-Versionen angeboten: Croma 2.0 I.E., 1995 ccm, 190 km/h, Fünfgang-Automatik, 115 PS, Servolenkung, Drei-Wege-Katalysator; Croma 2.0 I.E.S., identisch mit der I.E. Version, jedoch gehobene Sonderausstattung ohne Automatik, 198 km/h; Croma 2.0 T I.E., 150 PS, 210 km/h, Abgas-Turbolader; Croma 2,5 TD, 2500 ccm, 115 PS, Einspritzpumpe mit Turbolader, 196 km/h. Er war der erste Turbo-Diesel seiner Klasse.

Im Dezember 1992 erschien wieder ein Sechszylinder bei Fiat, das Spitzenmodell Croma 2,5 V6, 159 PS stark und 211 km/h schnell.

Der Croma war durch seine enorm große Heckladeklappe zum exzellenten Familienauto gereift und erfreute sich vieler Liebhaber in ganz Europa.

Fiat Spitzenmodell: Vierzylinder Croma, ab 1992 auch als Sechszylinder lieferbar

Dass der Fiat kein alltägliches Auto ist, zeigt er schon von außen. Die elegante Keilform mit der markanten Heckpartie gibt dem Fiat Tipo ein individuelles Design, das ihn aus dem Einerlei der Masse heraushebt ..." heißt es in einem Prospekt. Und obwohl man der Werbung in der Regel nicht so gerne glaubt, diese Beschreibung trifft. 1989 wurde der Tipo „Auto des Jahres" und 1990 wurde er von den Lesern des Magazins „auto, motor und sport" als bestes Importauto der Welt ausgezeichnet, unter anderem wegen der umfangreichen Komplettausstattung. Mit 3700 Litern hielt der Tipo den Innenraumrekord in seiner Klasse. Gegen Rost war er mit 23 qm verzinktem Metall geschützt.

Der Vierzylinder, der als Zwei- und Viertürer lieferbar war, wurde in einer Vielzahl von Varianten angeboten: Die Grundversion war der 1400 mit 71 PS und 161 km/h. Ab dem 1400 i.e. war der Tipo mit Katalysator ausgerüstet. Es folgten 1,6 Liter Ausführungen, ein 1,7 Liter Diesel und ein 80 PS starker 1,9 Liter Turbodiesel.

Spitzenmodell war der Fiat Tipo 2,0 i.e. 16V Sport, der von 1993 bis 1995 gebaut wurde. Er hatte Scheibenbremsen vorn und hinten, wurde von einem 1995 ccm Motor mit 139 PS angetrieben und erreichte eine Höchstgeschwindigkeit von 202 km/h.

Fiat Tipo der ersten Generation, wie sie von 1988 bis 1993 gebaut wurde

Fiat Tipo, Auto des Jahres 1989 und bestes Importauto der Welt, vor historischer Kulisse

Stars in der Manege: Fiat Tipo der zweiten Generation, links der 16 V, in der Mitte der 1,6 SX und rechts der 1,8 GT

FIAT TEMPRA 1990 BIS 1996

Der Tempra wurde 1990 ins Rennen geschickt, um die Lücke zwischen Tipo und Croma zu schließen. Auf dem Genfer Automobilsalon feierte er Weltpremiere und die Süddeutsche Zeitung konstatierte: „Alles in allem ist der Tempra nicht nur ein mühelos zu handhabendes Auto, sondern auch in Leistung, Platzangebot und Fahrkomfort eine interessante Alternative: Modern in Technik und Design bei einem günstigen Preis-/Leistungsverhältnis."

Der Tempra, der ausschließlich mit vier Türen gebaut wurde, startete mit drei verschiedenen Vierzylinder-Benzinmotoren und zwei Dieselvarianten. Kleinster war der 1,4 Liter mit 78 PS, gefolgt vom 1,6 Liter mit 86 PS und dem 1,8 Liter mit 110 PS.

Zwei Monate nach Erscheinen der Limousinen kam ein um zwölf Zentimeter verlängerter geräumiger Kombi auf den Markt, der bei umgelegten Rücksitzen bis zu 1500 Liter Stauraum bot, der Tempra S.W. (Station Wagon) mit 2,0 Liter. Außerdem erschien der 2,0 i.e. Automatik mit 113 PS, der 185 km/h erreichte. Mit dem Motto „Mehr Luxus für weniger Geld" wurde 1995 die Sondermodellreihe Liberty präsentiert, die mit Lederlenkrad, Lederschaltknauf und Wurzelholzeinlagen beeindruckte.

Besonders noble Ausstattung: Fiat Tempra Sondermodell „Liberty" von 1995

2,0 Liter Motor mit zwei obenliegenden Nockenwellen und zwei gegenläufigen Ausgleichswellen. Rechts: Fiat Tempra Liberty als Kombi mit zweigeteilter Heckklappe

FIAT CINQUECENTO 1993 BIS 1998

Ein Auto, das schon fast einer Miniatur gleicht und das trotzdem als Kleinwagen keine Wünsche offen lässt. Der Fiat Cinquecento ist zugelassen für bis zu vier Personen und sogar auf Langstreckenfahrten hat er sich bewährt. Mit seinem temperamentvollen Motor, weiterentwickelt vom Motor des Fiat Panda, und mit dem Fünfgang-Getriebe, ist er das handlichste Auto seiner Klasse. Der 0,9 Liter Vierzylindermotor mit 40 PS, der vorne quer eingebaut ist, erlaubt eine Höchstgeschwindigkeit von 140 km/h.

Der Cinquecento ist in fünf Ausstattungs-Versionen erhältlich, vom Basismodell Cinquecento S bis zur Luxusvariante Cinquecento Suite, die mit einer Klimaanlage ausgestattet ist. Als Cinquecento Soleil ist der Kleinwagen mit Faltschiebedach zu haben.

Mit tiefer gelegtem Fahrwerk und stärkeren Stoßdämpfern erschien 1995 der Cinquecento Sporting. Der Hubraum des Motors ist auf 1108 ccm vergrößert, die Leistung auf 55 PS. Damit kommt der 735 kg wiegende Flitzer auf 150 km/h Höchstgeschwindigkeit und beschleunigt in 13,8 Sekunden von null auf 100. Der Sporting ist serienmäßig mit Sportsitzen, Lederlenkrad, Leichtmetallfelgen, Breitreifen und einem Drehzahlmesser ausgestattet.

Kleinwagen Fiat Cinquecento: 899 ccm, 40 PS, 140 km/h

FIAT PUNTO AB 1993

Ein Star bei Fiat ist zweifellos der Punto, der ununterbrochen seit 1993 auf dem Markt ist. Eine attraktive Familienlimousine, die 1995 mit dem Titel „Auto des Jahres“ ausgezeichnet wurde. Die 56 Mitglieder der Jury beurteilten den Punto so: „Geräumig, jung, frisch, gewagt, gut gebaut, sicher, wirtschaftlich, angenehm zu fahren, guter Gegenwert, gleich im ersten Jahr mit kompletter Modellpalette.“ 1996 war der Punto das meistverkaufte Auto in Europa.

Bei der ersten Generation des Punto, 1993 bis 1999, konnte man zwischen drei- und fünftüriger Karosserie und fünf Ausstattungsmöglichkeiten wählen. Es gab Benzinmotoren von 1,1 Liter mit 55 PS bis 1,6 Liter mit 88 PS. Schnellster im Bunde war der 133 PS starke 1,4 Liter Punto GT mit 200 km/h Höchstgeschwindigkeit.

1994 erschienen zwei Dieselvarianten: Der Punto TD mit 1,7 Liter Dieselmotor mit 63 PS und 70 PS. Mit 70 PS erreichte der TD 163 km/h. 1996 folgte ein 57 PS leistender Diesel ohne Turbo.

Außerdem wurde ein Punto Cabrio angeboten, ein Viersitzer, dessen Verdeck komplett im Heck des Wagens verschwinden konnte. Man konnte unter zwei Ausführungen wählen: Der 60 S war mit einem 60 PS starken 1,2 Liter Motor ausgestattet, die Höchstgeschwindigkeit betrug 149 km/h. Der 90 ELX wurde von einem 1,6 Liter Motor angetrieben, der 88 PS leistete, Spitze 169 km/h.

Fiat Punto, der Nachfolger des Uno, hier mit fünf Türen

Der erfolgreiche Fiat Punto wurde auch bei der Feuerwehr eingesetzt

Fiat Punto: Klein- und Mittelklassewagen mit Schrägheck, links mit drei Türen, rechts als Fünftürer. Das Punto Cabrio, von Bertone entworfen, wurde zusammen mit der Limousine 1993 in Turin präsentiert. Es ist mit 1,2 Liter Motor mit 60 PS lieferbar (149 km/h Spitze) und als 1,6 Liter mit 88 PS (169 km/h Spitze)

Fiat Punto 1,3 Multijet 16V aus dem Baujahr 2004

Die zweite Generation des Fiat Punto, der Typ 188, kommt im Mai 1999 auf den Markt und ist bis April 2007 im Programm. 2003 wird die Karosserie dem Zeitgeist angepasst, außerdem gibt es überarbeitete Ausstattungsvarianten: Active, Dynamic, Emotion, Sporting und andere. Im März 2003 waren in Europa rund fünf Millionen Punto verkauft.

Der Typ 188 ist in Motorversionen von 1,2 bis 1,8 Liter erhältlich mit Leistungen von 60 bis 131 PS. Außerdem gibt es Dieselmotoren von 1,3 bis 1,9 Liter, deren Leistungen reichen von 69 bis 101 PS.

Fiat Punto Typ 188: Das supermoderne Cockpit, die Seitenansicht eines Dreitürers und der Multijet 16V Vierzylindermotor

Der fünftürige und der dreitürige Fiat Punto Typ 188 der zweiten Generation zeigen ihr Schrägheck

Die dritte Generation, der Grande Punto, erscheint 2005. „Grande“ heißt, dass er 20 cm länger und 2 cm breiter als sein Vorgänger ist. Und er wird auch ein Erfolg, er zählt zu den Pkw mit den höchsten Verkaufszahlen in Europa.

Der Grande Punto wird mit Motoren von 1,2 bis 1,4 Liter angeboten mit Leistungen von 65 bis 163 PS. Dieselversionen gibt es von 1,3 bis 1,9 Liter mit 75 bis 131 PS. Im Mai 2008 kommt der Grande Punto Abarth mit einem 155 PS starken 1,4 Liter Motor auf den Markt, dessen Leistung mit dem Performance Kit esseesse auf 180 PS gesteigert werden kann.

Fiat Grande Punto in der Ausstattungsvariante Sport (Sportfahrwerk) Baujahr 2006

Fiat Grande Punto Natural Power 1,4 8V von 2009, extravagantes Lenkrad des Grande Punto Sport von 2006 und dessen Innenausstattung

Dreitüriger Fiat Grande Punto Sport von 2006 mit Heckspoiler und Seitenschwellern. Autoradio mit CD- und MP3-Player und sechs Lautsprechern

Mit dem Allrad-Kraftpaket Grande Punto Abarth feierte Fiat 2007 die Wiederbelebung der legendären Tuning-Marke. Der hier abgebildete Grande Punto Abarth S2000 entstammt dem Baujahr 2008. Der schräg montierte Vierzylinder 2,0 Liter Saugmotor leistet 270 PS

Fiat Grande Punto Abarth Ralley von 2006, Grande Punto Abarth esse esse von 2008 und Grand Punto Abarth S2000 Rallye von 2008

FIAT ULYSSE 1994 BIS 2010

Die Großraumlimousine mit bis zu acht Sitzplätzen wurde von Fiat und Peugeot gemeinsam entwickelt. So erschienen 1994 baugleiche Typen als Fiat Ulysse, Citroen Evasion, Peugeot 806 und Lancia Zeta. Die enorme Wendigkeit, die Servolenkung und die vielen Möglichkeiten der Sitzanordung machten den Wagen zu einem Bestseller in seiner Klasse.

Die erste Generation, gebaut von 1994 bis 2002, wurde von 1,8 und 2,0 Liter Vierzylindermotoren angetrieben, die in Varianten von 99 bis 147 PS lieferbar waren. Außerdem gab es zwei Turbodiesel: 1,9 Liter mit 90 PS und 2,1 Liter mit 109 PS.

Die zweite Generation kam 2002 mit 27 cm längerer Karosserie und einer enormen Motorenvielfalt auf den Markt, die vom 2.0 16V mit 136 PS bis zum Sechszylinder 3.0 V6 mit 204 PS reichte. Die Dieselversionen begannen beim 2.0 JTD mit 107 PS und endeten beim 2.2 HDi Multijet.

2006 und 2008 wurden der Ulysse und seine Pendants noch einmal überarbeitet. 2010 war der Eurovan nur noch mit dem 2.0 16V Dieselmotor lieferbar, Mitte 2010 wurde die Produktion eingestellt.

Der bis zu achtsitzige Fiat Ulysse erscheint 1994 mit seitlichen Schiebetüren

Die neue Generation des 4730 mm langen, 1850 mm breiten und 1750 mm hohen Fiat Ulysse

FIAT COUPÉ 1994 BIS 2000

Mit einem Coupé der Extraklasse wird die sportliche Tradition bei Fiat fortgesetzt. Der 2+2 Sitzer wurde im Centro Stile Fiat entworfen und bei Pininfarina gebaut. Es ist die konsequent moderne Karosserie, die diesen Sportwagen auszeichnet. Aber auch etliche Details sind bemerkenswert: Die tiefen Einkerbungen auf den Kotflügeln, der auf das Heck gesetzte Tankdeckel aus Aluminium, die verschalten Scheinwerfer, die kleinen runden Rückleuchten, der aggressiv wirkende vordere Lufteinlass oder die in der Karosseriefarbe lackierte Armaturenanlage.

Fiat Coupé: Nach dem Dino (1969) und dem 124 Sport (1972) endlich wieder ein Sportwagen

Turbomotor des Fiat Coupés

Interessante Details: Die Einkerbungen auf den Kotflügeln und die kleinen runden Rückleuchten

Zur Einführung des Coupés 1994 sind zwei Vierzylindermotoren lieferbar: Der 2.0 16V mit 139 PS und der 2.0 16V Turbo mit 190 PS. 1996 gibt es die neuen Varianten 1.8 16V mit 131 PS, 2.0 20V mit 154 PS (Fünfzylinder) und 2.0 20V Turbo mit 220 PS. Der 2.0 Turbo ist mit 250 km/h der schnellste Serien-Fiat aller Zeiten.

Mit dem Coupé gelingt Fiat ein begeisternder Sportwagen, der viel Imagegewinn einfährt. Stärkstes Coupé ist der 2.0 20V Turbo mit 220 PS, der mit 250 km/h Höchstgeschwindigkeit der schnellste Serienwagen bei Fiat ist

FIAT BARCHETTA 1995 BIS 2005

Ein Jahr nach dem Erscheinen des Coupés folgt das Cabrio, das ebenfalls vom Centro Stile Fiat entworfen wurde. Mit seiner bestechend einfachen Linie, den rahmenlosen Seitenscheiben und den auf Knopfdruck ausfahrenden Türgriffen erinnert der Spider an die Cabrios der fünfziger und sechziger Jahre. Auch sein Name geht auf diese Zeit zurück: Barchetta (kleines Boot) hieß schon jener Spider von Ferrari, der nach dem Zweiten Weltkrieg Furore machte. Das PVC-Verdeck inklusive der Kunststoff-Heckscheibe des Barchetta wird vom Öffnungsmechanismus unter einer Klappe verstaut. Als Sonderausstattung ist ein Hardtop mit heizbarer Heckscheibe lieferbar. 1995 wird der Barchetta zum Cabrio des Jahres gewählt.

Der vorne quer eingebaute 1,8 Liter Vierzylinder-Saugmotor leistet 131 PS. Er bringt den zweisitzigen Spider auf 200 km/h und beschleunigt von 0-100 in 8,9 Sekunden. Der Durchschnittsverbrauch liegt bei 8,4 Liter. Für Sicherheit ist unter anderem die hydraulische Zweikreisbremse mit Bremskraftverstärker zuständig, die Scheibenbremsen sind vorne innenbelüftet.

Ab 1998 kommen verschiedene Sonderaussstattungen auf den Markt, die sich durch Farbgebung, Karosseriemerkmale oder Innenausstattungsvarianten voneinander unterscheiden und so schöne Namen tragen wie Riviera, Lido, Amalfi, oder Milano. Insgesamt wurden 57 521 Barchetta produziert, etwa die Hälfte für Deutschland.

Der 1,8 Liter Roadster Fiat Barchetta mit 131 PS ist 200 km/h schnell

Nachdem die Karosserie 2003 leicht überarbeitet worden war, endete 2005 die Bauzeit des Fiat Barchetta

FIAT BRAVO AB 1995

Im Centro Stile in Turin und Mailand wurden innerhalb von nur zehn Monaten zwei Limousinen mit aerodynamischer Karosserie und energiesparenden Motoren entwickelt. Die Fachwelt kürte den Bravo und den Brava zum „Auto des Jahres" und zum „Schönsten Automobil". Der dreitürige Bravo wurde zunächst von 1995 bis 2001 gebaut, dann durch den Stilo ersetzt. Dessen Nachfolger ist seit März 2007 wieder der Bravo, der jetzt allerdings ausschließlich als Fünftürer lieferbar ist.

Dreitüriger Fiat Bravo der ersten Generation von 1995 bis 2001 (ganz oben und oben links). Die weiteren drei Bilder zeigen den fünftürigen Bravo der zweiten Generation ab 2007

Die erste Generation des Bravo war mit fünf Benzin-Motorvarianten und fünf unterschiedlichen Diesel-Typen auf dem Markt. Die Benzinmotoren reichten vom Vierzylinder 1.2 16V mit 80 PS bis zum Fünfzylinder 2.0 HGT 20V mit 154 PS. Diesel waren ausschließlich als Vierzylinder mit 1,9 Litermaschinen lieferbar, die 65 bis 100 PS leisteten.

Die zweite Generation, ab 2007, ist als Benziner nur mit 1,4 Liter Vierzylindermotoren unterwegs, die mit 90 bis 150 PS arbeiten. Anders verhält es sich bei den Dieselvarianten. Die sind vom 1.6 16V mit 90 PS bis zum 2.0 16V mit 165 PS auf dem Markt.

Der Fiat Brava war die fünftürige Version des Bravo. Das Design beider Typen entstand im Centro Stile Fiat. Die Frontpartie war identisch, das Heck völlig unterschiedlich, was besonders bei den Heckleuchten auffiel.

Vier Benzinmotoren hatte der Brava zu bieten: 1.2 16V mit 80-82 PS, 1.4 12V mit 75-80 PS, 1.6 16 V mit 90-103 PS und 1.8 16V mit 113 PS. Außerdem gab es die Dieselvarianten 1.9 D mit 65 PS, 1.9 TD mit 75-101 PS und 1.9 JTD mit 101-105 PS.

Fiat Brava 16V (oben) in der Ausstattungsvariante ELX: Klimaanlage, Radio/Cassette und vier elektrische Fensterheber inklusive. Automatik kostete 2 300 DM zusätzlich, ein Schiebedach war für 1 300 DM zu haben

Vierzylindermotor 1.2 16V mit 80 PS. Stärkster Brava war der 1.8 16V (links) mit 113 PS. Ab 1999 wurde der Brava serienmäßig mit Seitenairbags ausgestattet

FIAT SCUDO AB 1995

Den Fiat Scudo, der 1995 baugleich als Citroen Jumpy und Peugeot Expert auf den Markt kam, gab es als Kastenwagen, Kombi oder Doppelkabine. Der Kastenwagen war mit drei Sitzplätzen ausgestattet und hatte 774 bis 854 kg Nutzlast. Die Doppelkabine bot fünf bis sechs Sitzplätze und 850 kg Nutzlast. Der Kombi war mit einer Bank in der dritten Reihe lieferbar und verfügte über acht bis neun Sitzplätze. Motorvarianten gab es von 1,6 bis 2,1 Liter mit Leistungen von 69 bis 90 PS.

Die zweite Generation gibt es seit 2007 als Kastenwagen und als Kombi. Der Kastenwagen ist in zwei Höhen (1,88 und 2,29 Meter) und zwei Längen (4,81 und 5,14 Meter) lieferbar. Beide Varianten sind 1,90 Meter breit. Das Ladevolumen liegt zwischen 5000 und 7000 Liter. Als Motoren stehen ein 2,0 Liter Benziner und drei Diesel von 1,6 bis 2,0 Liter zur Verfügung.

Der Kombi bietet acht bis neun Personen Platz. Er ist in den Längen des Kastenwagens lieferbar, die Höhe ist mit 1,88 bis 1,98 Meter etwas geringer. Als Antrieb stehen zwei 2,0 Liter Dieselmotoren mit 120 und 163 PS zur Auswahl. Alle Motoren des Scudo sind Vierzylinder. Der Antrieb erfolgt über die Vorderräder. Vier Ausstattungsmöglichkeiten sorgen für die Qual der Wahl: Grundversion Kombi, Kombi Comfort, Kombi Club und Kombi Océanic. ABS, ESP, ASR, Airbags für Fahrer und Beifahrer und ein hydraulischer Bremsassistent gehören beim Scudo zur Serienausstattung.

Fiat Scudo der ersten Generation (1995-2007) als Kastenwagen mit drei Sitzplätzen

Zum Vergleich: Fiat Scudo der ersten Generation (links) und der zweiten Generation ab 2007

Fiat Scudo Kombi mit acht bis neun Sitzplätzen, 2,0 Liter Motor mit 163 PS

Auf der Grundlage des Designs der Erfolgsmodelle Bravo und Brava entwickelte Fiat eine Stufenheck-Limousine und einen Kombi (Weekend) der Mittelklasse. Der Marea war in den drei Ausstattungsvarianten SX, ELX und HLX lieferbar. Kleinere Überarbeitungen der Karosserie erfolgten 1999 und 2001. Ein auffälliges Detail des Weekend waren die neben der Heckscheibe platzierten langgestreckten Rückleuchten. Zum besseren Beladen konnte die hintere Stoßstange nach unten abgeklappt werden.

Viertürige Limousine Marea und fünftüriger Kombi Marea Weekend

Vierzylinder 1.8 16V Motor mit 113 PS

Folgende Motorvarianten standen für den Marea und den Kombi Marea Weekend zur Auswahl:

- 1.6 16V, 103 PS, 185 km/h
- 1.8 16V, 113 PS, 195 km/h
- 2.0 20V, 147 PS, 205 km/h
- 1.9 TD 75, 75 PS, 165 km/h
- 1.9 TD 100, 100 PS, 180 km/h
- 2.4 TD 125, 125 PS, 195 km/h

FIAT PALIO AB 1996

Er ist für den Weltmarkt konzipiert und wird vorwiegend in Brasilien produziert, der Fiat Palio, der 1996 auf den Markt kommt. Er wird aber auch in Argentinien, Ägypten, China, Indien, Russland, Südafrika und anderen Ländern gebaut. Der Palio ist als drei- und fünftürige Limousie und als Kombi lieferbar. In Deutschland wird von 1998 bis 2003 allerdings ausschließlich der Kombi Weekend angeboten. Er ist nur 4,13 m lang und sein variabler Kofferraum hat bis zu 1540 Liter Volumen. Entwickelt wurde der Palio nach einem Vorschlag des IDEA Instituts vom Centro Stile Fiat.

Der Palio ist mit folgenden Benzin-Motoren erhältlich: 1.2 mit 60 PS, 1.2 mit 73 PS und 1.6 mit 101 PS. An Dieselvarianten stehen zur Auswahl: 1.7 TD mit 69 PS, 1.9 D mit 63 PS, 1.9 JTD mit 80 PS und 1.3 M-Jet mit 85 PS.

Fiat Palio Kombi Weekend (oben und unten) und die Grundversion des Palio von 1996 (Mitte)

Nachfolger und verbesserte Variante des Cinquecento war der Seicento. Der dreitürige Kleinwagen wurde im Fiat-Werk Tichy in Polen gebaut. Bei dem modernen runden Design fällt besonders die Heckansicht mit der gewölbten Scheibe ins Auge. In Deutschland wird der Seicento in vier Varianten mit zwei unterschiedlichen Motoren angeboten: Der S/SX mit 899 ccm Hubraum, 40 PS und 140 km/h Spitze; der Citymatic mit demselben Motor; der Suite mit 1108 ccm Hubraum, 55 PS und 150 km/h Spitze und der Sporting wiederum mit demselben Motor. Außerdem gab es den Seicento mit einem 41 PS starken Elektromotor.

2001 stehen für den nur 3,34 Meter langen Fronttriebler technische Verbesserungen an und auch die Karosserie wird modernisiert. 2007 wird der Seicento vom Fiat 500 abgelöst.

Fiat Seicento in der ersten Version von 1998. Auffällig die gewölbte Scheibe in der Heckklappe

Fiat Seicento, Sondermodell Sole von 2003 mit 1,1 Liter Vierzylindermotor mit Zweiventiltechnik und 55 PS, Höchstgeschwindigkeit 150 km/h. Das Sondermodell Sole ist serienmäßig mit in Wagenfarbe lackierten Stoßfängern, sportlicher Frontschürze inklusive Nebelscheinwerfern, elektrischen Fensterhebern, Sportsitzen, Radio mit CD-Player und vier Lautsprechern, Nebelscheinwerfern, Wegfahrsperre, Wärme dämmender Verglasung und elektrischem Faltdach ausgestattet

Bereits in den fünfziger/sechziger Jahren gab es einen Multipla, die Großraumvariante des legendären Fiat 600, der damals mit seiner skurrilen Karosserie Furore machte. Ähnlich ausgefallen erscheint 1999 der neue Multipla, ein sogenannter Kompaktvan mit fünf Türen und Platz für sechs Personen: drei vorne, drei hinten. Der Mulipla ist nicht nur äußerlich ungewöhlich: Er ist auch als „Natural Power" mit einem erdgasbetriebenen Motor lieferbar, wobei vier Druckflaschen am Unterboden angebracht sind oder als „BiPower" mit einem Motor, der mit Erdgas oder Benzin betrieben werden kann.

2004 wird die Form etwas geglättet, 2006 gibt es eine überarbeitete Innenausstattung. 2008 verschwindet der Multipla aus den deutschen Verkaufslisten, in Italien bleibt er im Angebot.

Die Scheinwerfer des Fiat Multipla sind in die Leiste unter der Frontscheibe eingebaut

Fiat Multipla nach der Karosserie-Korrektur 2004

Folgende Motorvarianten standen für den Multipla zur Auswahl:

- Benzin 1,6 Liter 16V, 103 PS
- Diesel JTD 1,9 Liter, 105 PS
- Diesel Multijet 1,9 Liter, 120 PS
- Natural Power 1,6 Liter, 92 PS

FIAT DOBLÒ AB 2001

Es handelt sich um einen sogenannten Hochdachkombi, der beim Fahrzeughersteller Tofas in der Türkei produziert wird. Der ansonsten fünfsitzige Doblò ist auch als Transporter ohne hintere Sitzbank und ohne hintere Seitenfenster lieferbar. 2004 erscheint der Doblò Family mit sieben Sitzplätzen und höherer Nutzlast. 2005 wird das Frontdesign überarbeitet und die Innenaustattung komfortabler.

Benzinmotoren sind von 1,2 bis 1,6 Liter im Angebot, die 65 bis 103 PS leisten. Dieselmotoren gibt es von 1,3 bis 1,9 Liter mit 69 bis 120 PS. Außerdem ist ein 1,6 Liter Natural Power lieferbar sowie verschiedene Electric-Versionen.

Familientauglich: Fiat Dobló in der Ausstattungsvariante ELX

Fiat Doblò, Hochdachkombi mit fünf Türen und fünf Plätzen und die Cargo-Version, bei der die hintere Sitzbank zu Gunsten der Ladefläche entfällt

Fiat Doblò: Armaturenanlage der Ausführung von 2004 und die Front und das Cockpit der 2005 überarbeiteten Version

Selten hat ein Fiat auf den ersten Blick so überzeugt wie der Stilo. Ein gelungenes Design, interessante technische Spielereien und sein verlockender Preis sorgen für Aufregung in der Golf-Klasse.“ („Der Stern“ im Juli 2002)

Fiat präsentiert den Mittelklassewagen Stilo als Nachfolger für die Modellreihe Bravo/Brava. Zunächst kommt die Limousine, die mit drei oder fünf Türen lieferbar ist. 2003 erweitert ein Kombi die Modellpalette, der sich Multi-Wagon nennt. Ein Kombi im Offroadlook, der Uproad, erscheint 2005 mit höherer Bodenfreiheit.

Der Stilo ist in mehreren Ausstattungvarianten erhältlich, unter anderen als Abarth mit wuchtiger Frontschürze. Außerdem gibt es eine Reihe von Sondermodellen wie zum Beispiel „Michael Schumacher“, das mit 2.4 20V oder 1.9 JTD Maschine lieferbar ist.

Folgende Motorvarianten standen für den Fiat Stilo zur Auswahl:

- Benzin 1.2 16V, 80 PS
- Benzin 1.4 16V, 90 und 95 PS
- Benzin 1.6 16V, 103 und 105 PS
- Benzin 1.8 16V, 133 PS
- Benzin 2.4 20V, 170 PS
- 1.9 JTD 80, 80 PS
- 1.9 JTD 100, 100 PS
- 1.9 JTD 115, 115 PS
- 1.9 8V JTD Multijet, 120 PS
- 1.9 JTD 140 Multijet, 140 PS
- 1.9 16V JTD Multijet, 150 PS

(bis auf den Fünfzylinder 2,4 Liter, handelte es sich bei allen anderen Motoren um Vierzylinder)

Fünftüriger Stilo 1.9 16V Multijet (oben), Kombi Multi Wagon (oben), dreitüriger Stilo (unten)

Der fünftürige Minivan Fiat Idea wird 2003 in Italien vorgestellt, von 2004 bis 2008 ist er in Deutschland im Angebot. Er ist mit Fünf- oder Sechsganggetriebe zu haben, auch eine Automatik-Version ist lieferbar.

Zwei Benzinmotor-Varianten stehen zur Wahl: 1.4 8V mit 77 PS und 163 km/h, 1.4 Starjet 16V mit 95 PS und 175 km/h Höchstgeschwindigkeit. Für Dieselfreunde gibt es folgende Möglichkeiten: 1.3 Multijet 16V mit 70 PS und 159 km/h, 1.3 Multijet 16V mit 90 PS und 173 km/h, 1.9 Multijet 8V mit 100 PS und 179 km/h Höchstgeschwindigkeit.

Fiat Idea aus dem Baujahr 2004. Die Armaturen sind zentral in der Mitte angeordnet

Minivan Fiat Idea beim Fotoshooting im nächtlichen Florenz

FIAT NUOVO PANDA AB 2003

Im Herbst 2003 stellt Fiat einen völlig neuen Panda vor. Der Fünftürer ist größer, hat leistungsstärkere Motoren und ist komfortabler ausgestattet als sein Vorgänger, der als „die tolle Kiste“ in den achtziger- und neunziger Jahren insbesondere wegen seiner spartanischen Ausstattung Furore machte.

Der Neue, gebaut in Polen, avanciert 2004 zum „Auto des Jahres“ und ist seit Erscheinen das meistverkaufte Auto seiner Klasse in Europa. Kein Wunder: Der Panda ist ein ideales Einkaufsauto, mit 354 cm Länge macht das Parken keine Probleme und mit der Hecktür das Beladen auch nicht. Trotzdem ist er groß und stark genug für Wochenendtouren und Urlaubsreisen.

Das Design ist überaus funktional, und sehen lassen kann es sich allemal. Die hintere Rückenlehne ist geteilt umklappbar, erweitert den Kofferraum.

Auf der Basis des Fiat Panda 4x4 (oben) entsteht 2007 der Panda Natural Power

Fiat Panda Cross 1.3 JTD Multijet 16V (oben), Panda 4x4 (ganz oben rechts) und das Cockpit der Panda Normalversion (oben)

Mit größerer Bodenfreiheit kommt 2005 die Allradversion Panda 4x4 auf den Markt. 2006 folgt der Panda 4x4 Cross, der mit breiten Seitenschutzleisten, großen Scheinwerfern und Unterbodenschutz im Alu-Look protzt.

Der neueste Spross der Panda-Familie heißt Panda Panda. Im Ernst! Ein Panda steht für Benzin, das andere für Erdgas: Bivalenter Antrieb. Grundsätzlich ist der Panda Panda auf Erdgasbetrieb ausgelegt, der Fahrer kann aber mit einem Schalter am Armaturenbrett auf Benzinbetrieb umstellen, falls er nicht rechtzeitig eine der 750 deutschen Erdgastankstellen erreicht. Die beiden insgesamt 12 kg fassenden Gasflaschen am Unterboden reichen für rund 300 Kilometer, der Benzintank fasst 30 Liter.

Zur Serienausstattung des Panda 4x4 gehören unter anderem EPS mit integrierter elektronischer Differentialsperre, Fahrer- und Beifahrerairbag, Seitenairbags vorn, manuelle Klimaanlage, Autoradio mit CD- und MP3-Player, Leichtmetallfelgen, Lederlenkrad und Scheinwerferwaschanlage.

Robuster Allrad-Keinwagen: Fiat Panda Cross 1.3 JTD Multijet 16V aus dem Baujahr 2006

So ist der 1.3 JTD Multijet 16V vorne im Fiat Panda Cross eingebaut

An Benzin-Motoren stehen für den Panda zur Verfügung: 1,1 Liter mit 55 PS, 1,2 Liter mit 60 PS und 1,4 Liter mit 100 PS. Außerdem ist ein 70 PS leistender 1,3 Liter Turbodiesel lieferbar.

FIAT CROMA II 2005 BIS 2010

In Kooperation mit General Motors enstand der neue Fiat Croma, der 2005 auf dem Genfer Autosalon vorgestellt wurde. Es ist ein fünftüriger Kombi der oberen Mittelklasse, dessen Benzinmotoren Opel liefert, die Dieselmotoren steuert Fiat selbst bei. Der aufwändige Kombi, der in vielen Ausstattungsvarianten hergestellt und 2008 überarbeitet wurde, lief Ende 2010 aus.

Fiat Croma II in der Version von 2005 (oben und unten). Croma II nach der Überarbeitung im Jahr 2008 (rechts)

Folgende Motorvarianten standen zur Verfügung:

- Benzin 1.8 16V mit 140 PS
- Benzin 2.2 16V mit 147 PS
- 1.9 JTD 8V M-Jet mit 120 PS
- 1.9 JTD 16V M-Jet mit 150 PS
- 2.4 JTD 20V M-Jet mit 200 PS

(Der 2.4 JTD ist ein Fünfzylinder, alle anderen sind mit Vierzylindermotoren ausgestattet)

Vier mal vier ist Sechzehn = Sedici. Normalerweise ist das Kompakt-SUV mit Frontantrieb ausgestattet, kann aber mit zuschaltbarem Allradantrieb geordert werden. Dabei hat der Fahrer drei Möglichkeiten: Mit einem Schalter kann er die Kraftübertragung auf die Vorderräder verteilen, das System selbstständig die Kraftverteilung wählen lassen oder den permanenten Allradantrieb ansteuern.

Das Design stammt vom Fiat Centro Stile, ansonsten ist der Sedici in Kooperation mit Suzuki entstanden, wird in Ungarn gebaut und von den Japanern als Suzuki SX4 vertrieben.

Klar, dass dieser moderne Wagen serienmäßig mit vier Airbags, ABS, EBD (Bremskraftverteilung), Klimaanlage, elektrischer Servolenkung, elektrischen Fensterhebern vorn und Nebelscheinwerfern ausgestattet ist. Auch für die Dachreling ist kein Aufpreis zu zahlen, lediglich für ESP.

Ein guter Werbegag war die Maßnahme, den Sedici bereits vor dem offiziellen Erscheinungstermin bei den Olympischen Winterspielen 2006 in Turin als Shuttlewagen einzusetzen. Das hat sich ausgezahlt: Es wurden mehr Fahrzeuge verkauft als geplant.

Die Sedici-Motorvarianten:

- Benzin 1.6 16V,107 PS, 190 km/h
- Benzin 1.6 16V, 120 PS, 190 km/h
- Diesel 1.9 16V, 120 PS, 180 km/h
- Diesel 2.0 16V, 135 PS, 190 km/h

(Ausschließlich Vierzylindermotoren)

Der Fiat Linea kam im Juni 2007 auf den deutschen Markt: Eine Stufenheckvariante des Grande Punto, dem er „wie aus dem Gesicht geschnitten“ ist. Die geräumig und nobel wirkende fünfsitzige Limousine zählt zur unteren Mittelklasse und ist mit zwei Benzin- und zwei Dieselmotorversionen lieferbar: 1.4 8V mit 77 PS, 1.4 Turbo T-Jet 16V mit 120 PS (165 km/h Höchstgeschwindigkeit), 1.3 Multijet 16V Turbo mit 90 PS und 1.6 Multijet 16 V mit 105 PS.

Drei Ausstattungsvarianten stehen zur Wahl: „Active“ mit der Basisausstattung und die besseren Versionen „Dynamic“ und „Emotion“. Ein Bordcomputer, vier Airbags, ABS und die Zentralverriegelung sind bereits bei Active serienmäßig. Dynamic und Emotion bieten darüber hinaus Nebelscheinwerfer, Klimaautomatik, USB-Anschluss und eine Freisprechanlage mit Sprachsteuerung.

Ob du dein erstes Auto kaufst oder einfach ein neues: der Fiat 500 ist immer der Richtige ..." heißt es in der Fiat-Werbung. Und in der Tat, er ist ein Knüller. Er sollte eine Retro-Version des Fiat 500 Nuova sein, der von 1957 bis 1975 gebaut wurde. Doch inzwischen steht er längst auf eigenen Rädern, ein richtiger Herzensbrecher, klein aber oho! AutoBild verleiht ihm den Design-Award, 2008 avanciert er zum „Auto des Jahres.

Bereits 2004 präsentierte Fiat auf dem Genfer Autosalon eine Studie, die „Trepiuno" (drei plus eins) hieß, weil sie drei Sitze für Erwachsene und einen Zusatzsitz vorsah. Daraus wird nichts. 2007 läuft der Fiat 500 als Viersitzer vom Band. Er ist 355 cm lang, 163 cm breit,149 cm hoch und mit drei Türen ausgestattet.

Drei Ausstattungsvarianten werden angeboten: pop, sport und loung. Die Basisversion pop kostet 11 400 Euro, darin unter anderem inklusive: ABS mit EBD, Wärmeschutzverglasung, RDS-Autoradio mit CD- und MP3-Player mit vier Lautsprechern und eine elektrische Wegfahrsperre.

Als Motorvarianten stehen zur Auswahl (Vierzylinder, außerTwin Air):

- 0.9 Twin Air, 85 PS, 173 km/h
- 1.2 8V, 69 PS, 160 km/h
- 1.4 16V, 100 PS, 182 km/h
- Abarth, 135 PS, 205 km/h
- Abarth esseesse, 160 PS, 211 km/h
- Abarth 695, 180 PS, 225 km/h
- 1.3 Multijet, 75 PS, 165 km/h
- 1.3 Multijet, 95 PS, 180 km/h

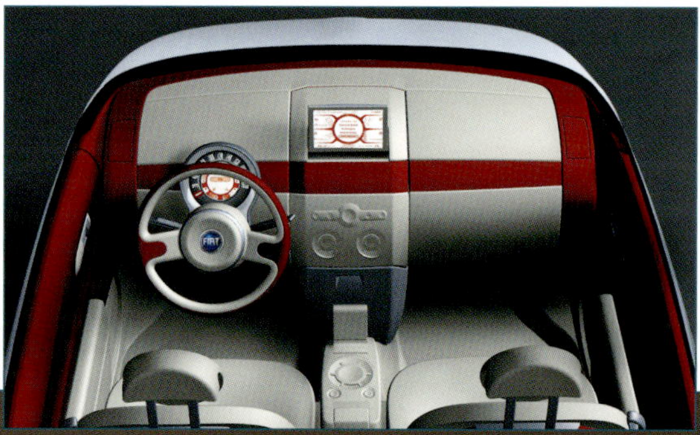

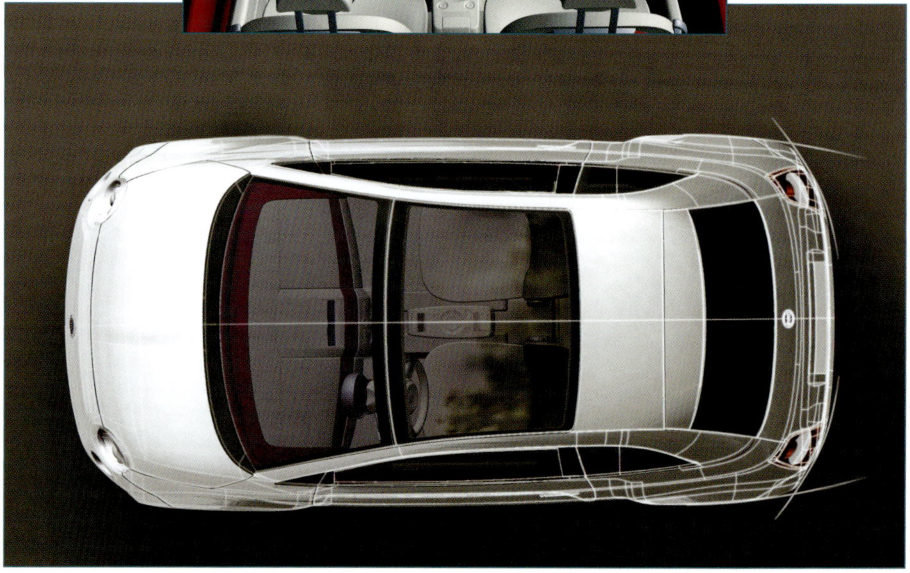

Die bereits 2004 vorgestellte Designstudie Fiat Trepiuno

Durchgestylt bis ins Detail: Sportlederlenkrad des Fiat 500 mit Multifunktionstasten (2007)

Lackierungen des Fiat 500 (2007). Das Cabrio Fiat 500 C (unten) erscheint 2009, das Faltschiebedach ist in elfenbein, rot und schwarz lieferbar

Fiat 500 von 2007 (oben), rechts mit Rallyestreifen, 1.4 16 V mit 100 PS, 182 km/h Höchstgeschwindigkeit

Fiat 500 Abarth von 2008 (Mitte) mit 135 PS, 205 km/h Höchstgeschwindigkeit. Vom Fiat 500 Abarth Assetto Corse von 2008 (unten) mit 200 PS wurden nur 49 Exemplare in Handarbeit gefertigt. Er ist nur für Rennstrecken zugelassen

FIAT QUBO AB 2008

Auf der Paris Motor Show 2008 präsentiert Fiat einen neuen Minivan. Qubo heißt der Kleine, der aber überaus wuchtig, kompakt und robust daherkommt. Er ist verwandt mit dem Fiorino, gleichwohl ein völlig eigenständiger Personenwagen, auf dessen Rückbank drei Erwachsene Platz finden. Zwei normale Türen vorne, zwei Schiebetüren hinten und eine enorm große Heckklappe sorgen für bequemes Einsteigen beziehungsweise Laden.

Drei Ausstattungsvarianten stehen zur Wahl. „Active“ ist auch hier die Grundversion mit ABS und EBD mit vier Airbags, Zentralverriegelung, Universalhalterung für Kindersitze und verstellbarem Lenkrad. „Dynamic“ bietet zusätzlich u.a. eine Klimaanlage, ein Lederlenkrad, ein Highclass CD-Radio mit Bedientasten im Lenkrad, sechs Lautsprecher und das Infotainmentsystem Blue&Me. „Trekking“ wartet darüber hinaus mit erhöhter Bodenfreiheit, Allwetterbereifung, elektronischer Traktionskontrolle, und getönten Scheiben auf. Der Clou: Im Laderaum ist eine LED- Taschenlampe, die sich während der Fahrt auflädt.

Als Motorvarianten stehen ein Benziner, zwei Diesel und ein Natural Power zur Auswahl. Der Benzinmotor ist ein 1.4 8V mit 73 PS und 155 km/h. Die Dieselmotoren sind 1.3 Multijet 16V mit 75 und 95 PS, die ebenfalls 155 km/h schnell sind. Der bivalente 1.4 8V Natural Power leistet 77/70 PS und erreicht 150 km/h.

Sind die Sitze des Qubo in normaler Position, beträgt das Laderaumvolumen bis zu 650 Liter bis zum Dachhimmel. Durch den Ausbau der Rücksitzbank lässt sich dieser Wert auf bis zu 2 500 Liter erhöhen

Weitere Bücher unseres Verlages

Fordern Sie unser Gesamtverzeichnis an, das wir Ihnen kostenlos und unverbindlich liefern mit Büchern über Autos, Motorräder, Lastwagen, Traktoren, Feuerwehrfahrzeuge, Baumaschinen und Lokomotiven:

Verlag Podszun Motorbücher GmbH
Elisabethstraße 23–25, 59929 Brilon
Telefon 02961-53213, Fax 02961-9639900
Email info@podszun-verlag.de
www.podszun-verlag.de

Komplette Chronik der deutschen Eisenbahn von den Anfängen bis heute mit faszinierenden Fotografien und Zeichnungen.

128 Seiten, 305 Abbildungen
28 x 22 cm, fester Einband
978-3-86133-556-6 EUR 19,90

Umfassende Dokumentation über das Ende der ehemaligen Baureihen ETA 150 und VT 98, zwei herausragende Epochen.

250 Seiten, 320 Abbildungen
28 x 22 cm, fester Einband
978-3-86133-496-5 EUR 24,90

Die wichtigsten deutschen Baureihen aller Dampf-, Elektro- und Diesellokomotiven in chronologischer Folge.

144 Seiten, 290 Abbildungen
28 x 22 cm, fester Einband
978-3-86133-328-9 EUR 19,90

Der legendäre Opel Olympia Rekord der Baujahre 1953 bis 1957 anhand von historischen Dokumenten.

144 Seiten, 266 Abbildungen
28 x 21 cm, fester Einband
978-3-86133-340-1 EUR 24,90

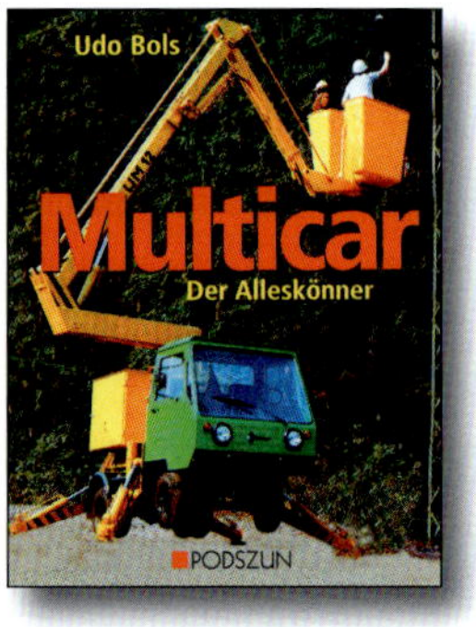

Mit vielen Originalfotos wird der Weg des kleinen Universalfahrzeugs von den fünfziger Jahren bis heute dargestellt.

144 Seiten, 365 Abbildungen
28 x 21 cm, fester Einband
978-3-86133-325-8 EUR 24,90

Dokumentation der Geschichte der Milcherfassung vom Handkarren bis zu den modernen Tankfahrzeugen von heute.

160 Seiten, 380 Abbildungen
28 x 21 cm, fester Einband
978-3-86133-562-7 EUR 24,90

Alle Borgward Lastwagen und Omnibusse und speziell die Sonderaufbauten werden erstmals gezeigt und beschrieben.

220 Seiten, 550 Abbildungen
28 x 21 cm, fester Einband
978-3-86133-456-9 EUR 39,90

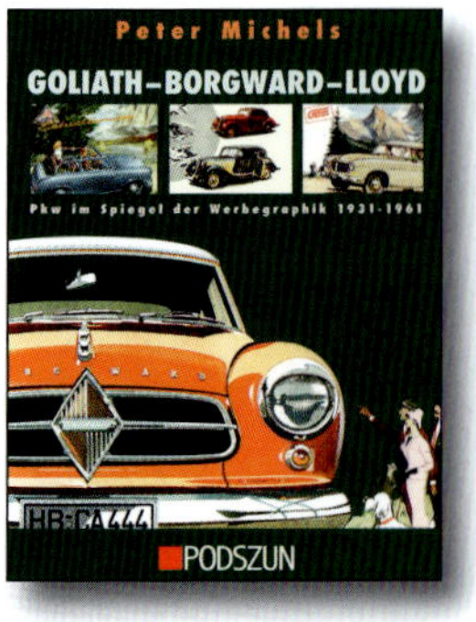

Umfangreiche Darstellung der Borgward-Werbung nach dem Zweiten Weltkrieg. Ein Genuss nicht nur für Automobilfreunde.

160 Seiten, 460 Abbildungen
28 x 21 cm, fester Einband
978-3-86133-512-2 EUR 29,90

Chronologisch werden alle jemals gebauten Lancia mit technischen Daten und vielen Abbildungen dargestellt.

144 Seiten, 370 Abbildungen
28 x 21 cm, fester Einband
978-3-86133-420-0 EUR 24,90

Vollständige Darstellung der NSU Pkw-Geschichte mit zeitgenössischen Fotos, die die Marke wieder lebendig werden lassen.

160 Seiten, 450 Abbildungen
28 x 21 cm, fester Einband
978-3-86133-442-2 EUR 24,90

Kurzgefasste, umfangreich bebilderte und übersichtlich gestaltete Chronik aller jemals gebauten Pkw dieser Marke.

144 Seiten, 400 Abbildungen
28 x 21 cm, fester Einband
978-3-86133-412-5 EUR 24,90

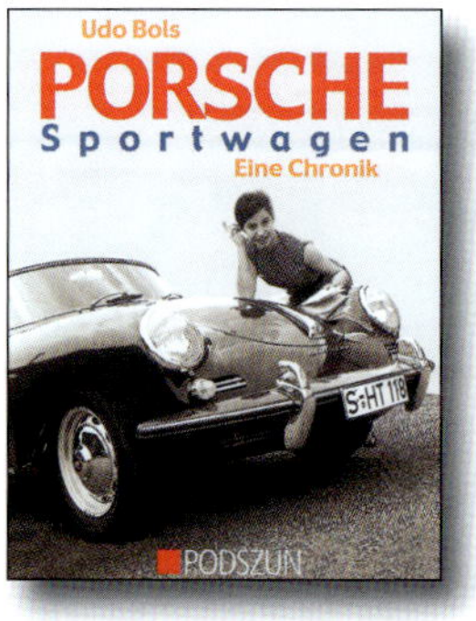

Udo Bols beschreibt die traditionsreiche Geschichte und erläutert die Serienmodelle von den Anfängen 1948 bis heute.

120 Seiten, 360 Abbildungen
28 x 21 cm, fester Einband
978-3-86133-370-8 EUR 24,90

Die rund 100 berühmtesten deutschen Sportwagen in einer faszinierenden und bildreichen Dokumentation.

136 Seiten, 448 Abbildungen
28 x 21 cm, fester Einband
978-3-86133-120-9 EUR 19,90

Chronik der Bölling-Firmen mit vielen Einsatzfotos von Büssing, Krupp, Henschel, Mercedes, MAN, Magirus, Saurer u. a.

160 Seiten, 450 Abbildungen
28 x 21 cm, fester Einband
978-3-86133-497-2 EUR 29,90

Eine Fundgrube für Liebhaber von Nutzfahrzeugen und ein Standardwerk für alle, deren Hobby die Forsttechnik ist.

144 Seiten, 360 Abbildungen
28 x 21 cm, fester Einband
978-3-86133-471-2 EUR 24,90

28 Marken werden vorgestellt, zum Beispiel Heinkel, Argus oder Panther, reichhaltig bebildert und sachkundig kommentiert.

120 Seiten, 240 Abbildungen
28 x 21 cm, fester Einband
978-3-86133-494-1 EUR 19,90

Bildreiche Darstellung der Kleinmotorisierung auf zwei Rädern. Mofas, Mopeds, Roller und Fahrräder mit Hilfsmotor.

136 Seiten, 245 Abbildungen
24 x 17 cm, Leinenbroschur
978-3-86133-392-0 EUR 14,90

Die Fahrrad- und Hilfsmotoren aus deutscher Produktion der letzten 100 Jahre in ihrer erstaunlichen Vielfalt.

144 Seiten, 250 Abbildungen
24 x 17 cm, Leinenbroschur
978-3-86133-320-3 EUR 14,90

Alle wichtigen deutschen Pkw von den Anfängen im Jahr 1886 bis zum Jahr 2000 in chronologischer Folge.

144 Seiten, 345 Abbildungen
28 x 21 cm, fester Einband
978-3-86133-319-7 EUR 19,90

Die Highlights aus mehr als 100 Jahren deutscher Motorradgeschichte mit herrlichen Fotos und technischen Daten.

128 Seiten, 380 Abbildungen
28 x 21 cm, fester Einband
978-3-86133-393-7 EUR 19,90

Knutschkugel, Adenauermercedes, Barockengel: Kaum zu glauben, was sich in den fünziger Jahren alles auf deutschen Straßen bewegte.

144 Seiten, 310 Abbildungen
28 x 21 cm, fester Einband
978-3-86133-244-2 EUR 19,90

Alle deutschen Motorradmarken der legendären fünfziger Jahre mit ihren Typen. Bildband und Nachschlagewerk zugleich.

152 Seiten, 290 Abbildungen
28 x 21 cm, fester Einband
978-3-86133-377-7 EUR 19,90

Mehr als 90 Mopedhersteller aus Deutschland: NSU, DKW, Horex, Triumph, Sigurd, Amor, Rolifix, Bastert, Zündapp u.a.

144 Seiten, 410 Abbildungen
28 x 21 cm, fester Einband
978-3-86133-276-3 EUR 24,90

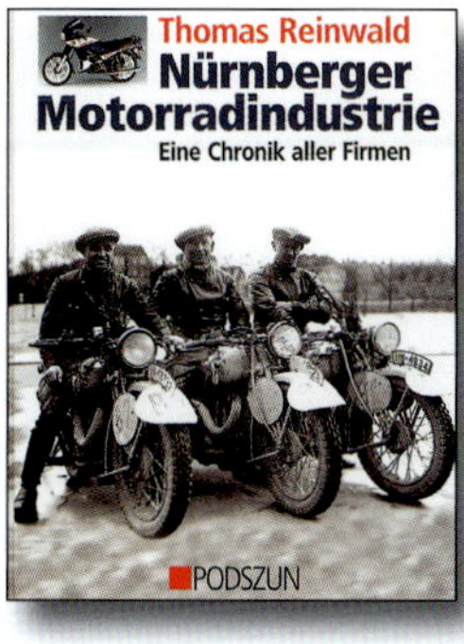

Insgesamt 77 Hersteller werden mit vielen faszinierenden Bildern und allen wichtigen Daten dokumentiert.

144 Seiten, 244 Abbildungen
28 x 21 cm, fester Einband
978-3-86133-299-2 EUR 19,90

Die Geschichte der berühmten Marke Victoria mit allen Typen und vielen bislang unbekannten Abbildungen.

128 Seiten, 264 Abbildungen
28 x 21 cm, fester Einband
978-3-86133-262-6 EUR 19,90

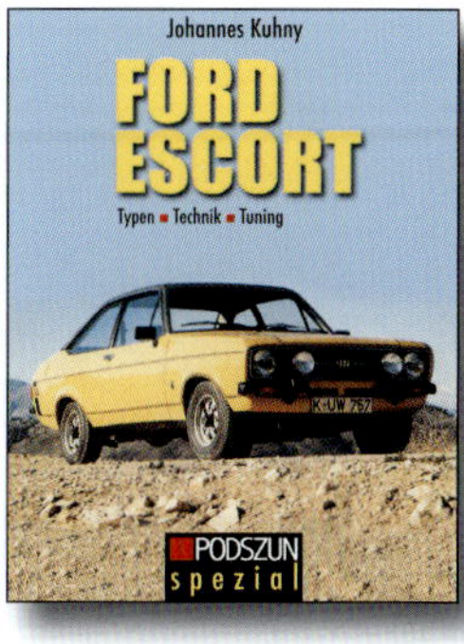

Die Erfolgsgeschichte des Ford Escort mit kompletter Typologie und Kapiteln u.a. zur Technik, zum Design und zum Motorsport

144 Seiten, 230 Abbildungen
24 x 17 cm, Leinenbroschur
978-3-86133-565-8 EUR 14,90

Das Kultbuch für alle VW-Fans mit faszinierenden Fotos, die größtenteils aus privaten Archiven stammen.

128 Seiten, 360 Abbildungen
28 x 21 cm, fester Einband
978-3-86133-452-1 EUR 19,90

Trabant, Robur, Multicar und all die anderen Pkw, Lkw und Omnibusse der DDR in einer umfassenden Darstellung.

128 Seiten, 370 Abbildungen
28 x 21 cm, fester Einband
978-3-86133-514-6 EUR 19,90